19大崩盤29年

The Great Crash 1929

Most intriguing for its depiction of the delusion that swept the culture, and the ways financiers and bankers, wishful academics and supine regulators willfully ignored reality and in the process encouraged the epic collapse of the stock market."
——New York Times

John Kenneth Galbraith

著——約翰·高伯瑞

譯——羅若蘋

THE GREAT CRASH 1929 by John Kenneth Galbraith

Copyright © 1954, 1955, 1961, 1972, 1979, 1988, 1997, 2009 by John Kenneth Galbraith

Foreword copyright © 2009 by James K. Galbraith

Complex Chinese translation copyright © 2009 by EcoTrend Publications, a division of Cité Publishing Ltd.

Published by special arrangement with Houghton Mifflin Harcourt Publishing Company through Bardon-Chinese Media Agency.

ALL RIGHTS RESERVED

經濟趨勢 36

1929年大崩盤

（暢銷六十餘年，歷史上永恆的投資／經濟經典）

作　　　者	約翰·高伯瑞（John Kenneth Galbraith）	
譯　　　者	羅若蘋	
責 任 編 輯	許玉意、林博華	
行 銷 業 務	劉順眾、顏宏紋、李君宜	
總 編 輯	林博華	
發 行 人	涂玉雲	
出　　　版	經濟新潮社	

104台北市民生東路二段141號5樓

電話：(02)2500-7696　傳真：(02)2500-1955

經濟新潮社部落格：http://ecocite.pixnet.net

發　　　行　英屬蓋曼群島商家庭傳媒股份有限公司城邦分公司

台北市中山區民生東路二段141號11樓

客服服務專線：02-25007718；25007719

24小時傳真專線：02-25001990；25001991

服務時間：週一至週五上午09:30-12:00；下午13:30-17:00

劃撥帳號：19863813；戶名：書虫股份有限公司

讀者服務信箱：service@readingclub.com.tw

香港發行所　城邦（香港）出版集團有限公司

香港灣仔駱克道193號東超商業中心1樓

電話：852-25086231　傳真：852-25789337

馬新發行所　城邦（馬新）出版集團 Cite (M) Sdn Bhd.

41-3, Jalan Radin Anum, Bandar Baru Sri Petaling,

57000 Kuala Lumpur, Malaysia.

電話：603-90563833　傳真：603-90576622

讀者服務信箱：services@cite.my

印　　　刷　漾格科技股份有限公司

初 版 一 刷　2009年7月21日

二 版 一 刷　2019年6月6日

二 版 四 刷　2020年4月16日

城邦讀書花園

www.cite.com.tw

ISBN：978-986-97086-9-2

版權所有·翻印必究

定價：380元

Printed in Taiwan

〈出版緣起〉

我們在商業性、全球化的世界中生活

經濟新潮社編輯部

　　跨入二十一世紀，放眼這個世界，不能不感到這是「全球化」及「商業力量無遠弗屆」的時代。隨著資訊科技的進步、網路的普及，我們可以輕鬆地和認識或不認識的朋友交流；同時，企業巨人在我們日常生活中所扮演的角色，也是日益重要，甚至不可或缺。

　　在這樣的背景下，我們可以說，無論是企業或個人，都面臨了巨大的挑戰與無限的機會。

　　本著「以人為本位，在商業性、全球化的世界中生活」為宗旨，我們成立了「經濟新潮社」，以探索未來的經營管理、經濟趨勢、投資理財為目標，使讀者能更快掌握時代的脈動，抓住最新的趨勢，並在全球化的世界裏，過更人性的生活。

　　之所以選擇「經營管理—經濟趨勢—投資理財」為主要目標，其實包含了我們的關注：「經營管理」是企業體

（或非營利組織）的成長與永續之道；「投資理財」是個人的安身之道；而「經濟趨勢」則是會影響這兩者的變數。綜合來看，可以涵蓋我們所關注的「個人生活」和「組織生活」這兩個面向。

這也可以說明我們命名為「經濟新潮」的緣由——因為經濟狀況變化萬千，最終還是群眾心理的反映，離不開「人」的因素；這也是我們「以人為本位」的初衷。

手機廣告裏有一句名言：「科技始終來自人性。」我們倒期待「商業始終來自人性」，並努力在往後的編輯與出版的過程中實踐。

目錄

推薦序

鑑往知今，貪愚永存！

南方朔

　　高伯瑞（John K. Galbraith, 1908-2006）這本1955年出版，後來不斷重印，到他逝世前已發行了80萬冊的《1929年大崩盤》，它不是談1929年股市大崩盤的一本普通書，而是有它的原委、立意，以及後來的影響。

　　首先就本書的來龍去脈而言，人們都知道高伯瑞乃是學者從政型的經濟學家，民主黨小羅斯福總統的「新政」時代即已成了要角。戰後1952年，民主黨提名伊利諾州長史蒂文生（Adlai E. Stevenson, 1900-1965）與共和黨的艾森豪競選總統，高伯瑞即是史蒂文生陣營的主要人物，該次大選民主黨慘敗。在經過一陣心理創傷後，高伯瑞出版了《美國資本主義》（*American Capitalism*）一書，主要是探討美國經濟何去何從的嚴肅課題。該書成了當年暢銷書，後來總計售出40萬冊。除了出版該書外，高伯瑞還整合了一批哈佛學者，其中主要都是經濟學家，在民主黨前

輩要人芬雷特（Thomas K. Finletter）家中定期聚會，對美國經濟未來的各種課題進行探討，並做為將來民主黨的經濟政綱。他們這群人，也就是美國民主黨史上所謂的「芬雷特小組」。後來1960年民主黨甘迺迪贏得大選，他的經濟「新疆界」主張，以及後來詹森總統的「大社會」政策，都和「芬雷特小組」有著密切的關係。

　　而就在「芬雷特小組」集會期間，1954年初，美國主要的《哈潑雜誌》約翰‧費雪（John Fischer）向高伯瑞邀稿，因為當年已屆股市大崩盤25週年，他希望高伯瑞能在當年該刊的十月號寫一篇長文。由於當時美國尚無有關1929年股市大崩盤的專門著作，於是高伯瑞遂在好友（也是哈佛同事及民主黨要角，後來做到「美國歷史學會」會長）史萊辛格（Arthur Schlesinger, Jr.）的鼓勵下著手研究並寫作。結果，他並沒有替《哈潑雜誌》寫那篇長文，而是撰寫這本著作。因此，本書有著下述意義：

（一）它是截至當時，真正重量級學者寫1929年股市大崩盤的第一本著作。

（二）人們現在已知道，高伯瑞寫作，一般都至少要五易其稿，使其流暢、嚴謹而易懂。本書即有這樣的特性，而這也是本書一出版即佳評如潮，成為暢銷書的原因。

（三）對高伯瑞的著作與思想有理解的人都知道，高伯
　　　瑞並非一般的經濟問題技術專家，而是有歷史
　　　觀、人性觀和價值觀的全視野經濟思想家。因此
　　　他在談 1929 年股市大崩盤時，其實是有解釋觀點
　　　的。他特別著重在貪婪投機文化的形成、當時有
　　　權有勢者的蒙昧樂觀及間接助長、金融體系「脫
　　　紀律化」所造成的投機氾濫，以及當時許多著名
　　　學者為股市造勢的媚俗表現。他的這些「以人為
　　　本」的價值前提，其實也貫串了他所有的其他著
　　　作。他的這些觀點，也等於是替後代人在談論
　　　1929 大崩盤時定了調。高伯瑞談股市大崩盤，加
　　　上後來他的好友史萊辛格談新政，人們始對大蕭
　　　條時代有了全局的理解。

　　總而言之，《1929 年大崩盤》不是一本一般性的著
作，而是有警示意義的著作。研究股市史的人都知道，在
人類史上，牛頓乃是最有名的受害人。當年英國有所謂的
「南海泡沫」，牛頓當時在朋友的慫恿下買股，後來覺得不
安而出脫，但股價還是一路狂飆，於是他又投入股市，但
這次就再也沒有脫身的機會。牛頓所賠掉的金錢換算成現
值，估計在台幣 1 億至 1 億 5 千萬元之間。他後來感慨地
說：「我可以預測神祕天體的運行，但我不能預測人類貪

婪的心靈！」

因此，貪婪總是會付出代價的。1920 年代是美國樂觀輕快、甚至是輕浮的「爵士時代」，它的浮華投機所付出的代價則是整個大蕭條的代價。

而人類所犯的錯雖然不可能如原樣般重現，但卻會用一種有近親相似性的方式，以另一種面貌再來。過去 20 年的貪婪投機以及金融失控「脫紀律」，乃是金融海嘯及全球深度衰退的原因。迄至目前為止，全球究竟已否觸底？或者還有第二波衰退在前面等待？這些都是開放的問題。在這樣的時刻重讀高伯瑞這本著作，人們又怎能不格外感慨呢？

南方朔，文化評論者

2009 年 6 月 28 日

推薦序
今昔對比

詹姆士・高伯瑞

　　在我父親解說的結尾，他知道預測未來是否會再崩盤別人並不會嚴肅以對，所以他顯得有些不情願這樣做。他認為崩盤可能不會再現參雜了許多原因，其中包括人們對過去的記憶，以及隨後會出現新的規定等等，但是他又提到：

　　「沒有人會懷疑，美國人仍然很容易受到投機心理的影響，堅信企業能夠享有無限的報酬，身為個人理應可以參與分享。上漲的市場仍可帶來確實的財富，於是就能吸引越來越多的人參與。政府的預防措施和控制手段都要準備就緒。如果行事果決的政府掌握這些措施和手段，就不用懷疑它們的效能。然而，政府仍然有各種理由決定不使用這些措施和手段。」

1929年的大崩盤和2008年的金融海嘯相似之處就在此。政府在當時都知道該如何因應，但同時都拒絕這樣做。如果在1929年夏天，政府高層發出嚴厲的警示、提高重貼現率、針對層出不窮的詐欺案件進行調查，那麼在華爾街的崩盤摧毀整個經濟之前，他們花俏的金融操作早就會土崩瓦解。2004年，聯邦調查局曾經公開警示會爆發「貸款詐騙潮」。但是政府竟然毫無反應，更糟糕的是，反而提供低廉的利率、解除管制並且表明不會強制執行法律。這麼做簡直就是火上澆油。根據葛林斯潘（Alan Greenspan）的路線，他們認為經濟的泡沫化是不可避免的現象，政府的工作僅在於善後。葛林斯潘的做法就是不斷創造一個又一個的經濟泡沫，直到最後一個泡沫大到摧毀整個經濟體系。

談到金融海嘯的起因，這次是源自於房屋貸款的危機——不是太少房屋貸款，而是太多。幾十年來房屋貸款的安全性，開始受到嚴重挑戰。在2000年代早期，布希政府就曾表態不會加強管制房屋的貸款。當時的態勢很明顯：美國儲蓄管理局（Office of Thrift Supervision）的局長參加記者會時，帶著聯邦公報的副本和一把電鋸。接著是一連串宰肥羊的方案：騙子的貸款、不需太多佐證文件的貸款、還有具有殺傷力的貸款，這些做生意的巧門都獲得通過。銀行把這些貸款結合起來，經過定價和證券化的程序，然

後行銷到全球，直到它腐敗化膿為止；接著上漲的利率和崩盤的價格瓦解了整個系統。《華盛頓郵報》（*Washington Post*）的專欄作家理查・柯恩（Richard Cohen）曾經寫過一篇相關文章，是關於亞利桑那州雅方代爾（Avondale）的居民馬文妮・霍特曼（Marvene Halterman）的故事：

> 「當時她61歲，失業了13年，就像許多人一樣靠著救濟金過日子，然而她得到了一筆貸款。拿到貸款的時候，她的家裡還住著23個人。（576平方英呎大，有一間浴室。）旁邊還附著一些搖搖欲墜的小屋。她得到103,000美元的貸款，其價值遠超過房屋的總值。她們家一直都有狀況……並不是該市的模範房舍，她們還曾經被報導家中的草坪上堆滿了垃圾（舊衣物、輪胎等等）。然而，當地的一家金融機構威信公司（Integrity Funding LLC）以『你負擔得起』的名義，貸給她附近房價和比較標的物兩倍的款項。威信公司接著將這筆貸款賣給富國銀行（Wells Fargo & Co.），而富國銀行再轉賣給匯豐控股公司（HSBC Holdings PLC）。匯豐再將它與其他數千種風險性貸款包裝在一起，然後將這些無法消化的麥片粥端給投資人。最後再經過標準普爾公司的評等，給它三個A的等級。」

這簡直就是一種詐欺行為，首先由政府施加在人民身上，然後是富者欺負窮人。當然在某些情況下，借款人也參與同謀不法，因為他們借出的是根本無法償還的款項。更多人太過於天真、容易受騙、向壓力低頭、輕易相信別人而且過度樂觀——相信事情總會有轉機。他們得到金主的保證，房價會再度上漲，不良的貸款到時候還可以再進行融資。對金主而言，這些都是誘因，因為他們早就把債權賣掉了，沒有風險，也不會受傷。貸款人由於沒有足夠的資產償還債務，所以就大膽簽下別人不會簽署的文件。而容許這種情形出現的政府，可以說是這件龐大犯罪案件的同謀。

就像1929年的崩盤一樣，造成2008年金融海嘯的始作俑者，我們也可以將他們的相片放在罪犯陳列室中，讓人進去痛射一番。老牌的客觀主義者（Objectivist）葛林斯潘不時意識到災難的逼近，但是他毅然決然地不肯採取任何阻止的行動。自由派的銀行家，羅伯特・魯賓（Robert Rubin，編註：花旗董事兼高級顧問，柯林頓時代財政部長）曾經在財務上享有廉潔的美名，但是被花旗引向災難的自滿所蒙蔽，當時公司付給他1億1,500萬美元的薪水，於是在公司奔向毀滅之路的時候，他保持了沉默。還有就是菲爾・葛蘭姆（Phil Gramm，編註：美國前參議員，曾擔任參議院銀行委員會主席多年，並促成

Gramm Leach Billey Act 之通過，該法案打破美國1933年以來的限制，准許美國銀行業得跨業經營，並促成金控公司的成立），《華盛頓郵報》曾報導他是金融失序和災難巫師的弟子。另外一位是勞倫斯·桑默思（Lawrence Summers，編註：前美國總統歐巴馬的首席經濟顧問），他曾經於1999年積極支持廢除格拉斯─史蒂格法（Glass-Steagall，編註：美國在1933年通過的金融管制法），如此一來他的名聲只能說有待重建，也可說隨著法案的廢除而被葬送了。當然還有一位就是貝納多·馬多夫（Bernard Madoff，編註：前美國那斯達克主席，於2008年12月犯下金額超過500億美元的世紀詐騙案）。

　　最起碼在我們深沉的反省之中，過度膨脹的信用所剩餘的殘骸是崩盤有趣的一部分。而在五○年代以及之後繁榮的日子中，我父親和歷史都決定不再追究下去。在本書所提到的人物中，米契爾和英薩爾都無罪釋放，克魯格自殺身亡，只有惠特尼進了監獄。而我們這個時代的陪審團，如果他們有機會做判決的話，一定不會如此仁慈。但是他們有機會做判決嗎？如果他們沒有這樣的機會，想要糾正、清理過去十年中無數的犯罪，希望不大。截至目前為止，歐巴馬總統是否會跟隨給了我們緊急銀行法和證管會的小羅斯福的腳步，他還沒有公開展現他的態度。

　　但是我們還有時間，可以等著看。

2008年的金融海嘯與1920年代崩盤前的景象很不一樣的地方在於，1920年代的民眾是滿懷著希望、輕易相信別人、毫無警戒心的樂觀派。當時的人們絕大多數都很快樂，我們讀到本書中有錢人的司機，豎起耳朵偷聽鋼鐵股的行情。在1929年的時候，數百萬的人相信自己很輕易就能致富，而有些人的確辦到了。在現代歷史上，同樣歡樂的氣氛出現在1990年代後期，當時由柯林頓主政，網路科技業一片榮景，但到了2000年左右情勢開始反轉。在布希掌權之後，人民的日子開始變得慘澹，經過了911，歷經反恐戰爭、入侵伊拉克，歡欣的氣氛消失了。女按摩師把她一生的積蓄交給馬多夫處理，她並不想一夕致富，她只不過希望獲得穩定和安全的報酬。數百萬的貸款人需求的更少，基本上他們都不是投機者，他們所想的、最重要的只不過是別人已經擁有的：一個屬於他們自己的家。

現在數百萬人失去了他們的家園，這是一場美國的悲劇。多少個家庭湧入汽車旅館、睡在他們的車上、四散在各處的公園。這些受害人涵蓋了美國的中產階級，數百萬人只剩付到一半的貸款、401(k)退休金，以及一點現金；家園、股票和利息收入都化為烏有。1930年時發生的是銀行擠兌，中產階級的儲蓄和財富消失殆盡。2009年則是房屋的資產價值月復一月地崩解，接著是企業破產、規模縮減，或是清算。在這種狀況下，並沒有立即的苦難發生

——美國的食物還不至於短缺——只是各種就學、工作和退休的機會逐漸枯竭，於是在我們這個時代投下了陰影。由於金融海嘯前社會的氣氛並沒有很歡樂，危機過後與羅斯福當時的新政時期比較，也就不會陷入痛苦絕望的深淵，只不過比較陰鬱煩悶。

　　金融危機後的發展是否要回溯到1930年的崩盤及之後的年代，這一點仍然有爭議。在我們今天這個大政府時代，經濟學家所謂的自動穩定機制和立即的刺激經濟方案，使得抑制衰退、促進復甦的腳步比一個世紀前快得多。當時，美國花了四年的時間才等到小羅斯福總統上任，而現在正巧選上了歐巴馬，在布希災難後的幾個月就可以開始收拾殘局。因此，今日美國所面臨的情況比較沒有那麼險惡，在積極行動後面的共識也比較薄弱，而行政團隊的表現也不會太過於英雄主義。

　　但是情勢仍有可能一發不可收拾。在我撰寫此文的時候，整體的經濟情況似乎穩定下來，經濟專家們在爭論2009年初股市的回升究竟是經濟復甦的現象或只是一時的反彈。生產的數量回升，但其中大部分是來自於進口產品。行政團隊似乎認為，政治力強行介入會牴觸了銀行業的邏輯，而決定要讓有問題的銀行與保險公司繼續存活下去。沒有人會期待失業率立刻下降，而且也沒有任何進行中的計畫，準備重新雇用數百萬失業的人。金融海嘯迄今

似乎尚未出現像哈利‧霍普金斯（Harry Hopkins，小羅斯福總統的機要顧問）、哈洛德‧艾克斯（Harold Ickes，小羅斯福總統的內政部長、新政的重要成員）、法蘭西‧柏金斯（Frances Perkins，美國第一名女性閣員）、亨利‧華利士（Henry Wallace，小羅斯福總統任內的副總統），以及其他至今地位仍不明顯的人。

基於上述這些理由，似乎未來探討金融海嘯的書顯然不會像這一本一樣有趣。

*　　*　　*

最後要提到的是，《1929年大崩盤》的讀者可能會對作者的投資習性很好奇；特別是他（像凱因斯一樣）是否曾經受到投機海妖的引誘。我可以向各位報告的是，就目前我所知，他並沒有失去理智。他的投資組合屬於價值型的投資，買入以後就一直持有到退休，雖然他並沒有真正的退休。他還是持續快樂而有收益地撰稿，直到2006年4月97歲去世為止。

有的時候他也不反對採取嚴謹的預防措施。我記得在1987年10月股市崩盤的晚上打電話給他——那次事件讓這本書又重回書市。由於全國新聞媒體的關注，我有點難與他連上線。電話接通之後，我聽到父親令人安心的聲音：

　　「詹姆士？是你嗎？」（暫停了一會兒）「不要擔心，三個禮拜前我就已經換成現金了。」

　　然後又停頓了一會兒，他的語氣改變了。

　　「但是我要很遺憾地說，你媽媽的情況可能不一樣。她發現家族當初以1美元的代價向愛迪生買的奇異股票現在賣不出去了。」

　　詹姆士‧高伯瑞（James K. Galbraith，本書作者之子），
德州大學奧斯汀分校
2009年5月18日

19 大崩盤 29 年

The Great
Crash
1929

序言

九〇年代的觀點

《1929年大崩盤》這本書最早於1955年出版，此後便不斷再版，直到如今已有四十餘年的歷史。作者（與出版者）依舊，大家都把此一現象歸因於書本身的擲地有聲。很明顯本書是發生了一些作用，但更糟糕的是，或許更好的是，還有另一個能讓這本書的銷量維持不墜的理由。每一次它的再版，在書店上架銷售，就說明了又一個投機事件——一個泡沫，或是緊接而來的不景氣——重新喚起了人們對於這一段股市暴漲與崩盤歷史的關注，因為它曾經引發了一場空前嚴重的大蕭條。

事實上，當本書正從印刷廠出來時，又發生了一連串的事件。1955年的春天，股市還有一點景氣時，我被找去華盛頓，到參議院的聽證會講述我過去的經驗。那天早上在我作證的時候，股市突然重挫，有人就把責任歸咎於我，尤其是那些股市老手。還有不少人寫信要威脅我的生

命；更有一些虔誠的市民告訴我，他們都在為我的病痛或可能發生在我身上的不幸事件祈禱。在我作證後的幾天，我在佛蒙特州（Vermont）滑雪的時候，摔斷了腿。當然上了報紙，有讀者來信說他們的祈禱應驗了。最起碼我已經替上帝做了一點事。在當時的氣氛下，來自印地安那州（Indiana）的參議員荷馬‧凱普哈特（Homer E. Capehart）認為，這是共產黨的祕密黨員幹下的事。

而那只是個開始。1970年代國外資金的狂潮、1987年的破產，再加上一些衝擊比較小的事件或是經濟上的恐慌，這些都把大眾的注意力導向1929年，也讓這本書持續不斷再版。直到現在1997年還是同樣的情形。

很顯然，就像這本書所寫的，我們正面臨一個大量投機而且揮霍的時代，任何不會被虛幻的樂觀主義所蒙蔽的人都會同意我的看法。流入股市內的資金遠超過能引導它健全發展的智慧；股市中充斥著共同基金，而不是對財務和歷史具有敏銳覺察力及管理能力的專業人士。我從來就不善於預測；因為一個人的遠見容易被忘記，但是一個人所犯的錯誤卻會被牢記。這裡有一個基本且經常發生的現象，就是價格的上漲。不論是股票、房地產、藝術品或任何東西都是如此。這個現象吸引了買家的注意，因此更進一步帶動價格的上漲，大家自然會預期未來將出現更高的價格。於是這個現象持續下去：樂觀主義和它所帶來的

影響主宰了整個股票市場。接下來股價漲幅更劇。之後，雖然這個現象永遠都有陷於爭議的原因，而這一切終將結束。股市的下挫總是比上漲來得突然；被刺破的氣球是不會悄然洩氣的。

　　我再說一次，我並無意做預測，我只是觀察到這個現象自1637年以後就不斷重複出現，當時荷蘭的投機者把鬱金香視為翻身的工具；1720年時約翰・勞（John Law，編註：1671～1729，蘇格蘭人，於18世紀建立法國第一家國家發鈔銀行，振興法國經濟。以密西西比公司〔Mississippi〕投資造就世上第一波股票市場榮景，也導致首次國際性崩盤）引起巴黎人對路易斯安納州的狂熱，帶來一定的財富，而貧窮卻突然到來；當時還有南海泡沫（South Sea Bubble，編註：南海公司成立時，在英國政府的保護下，享有合法獨占事業。為了擴充營運，他們到英國股市籌資多次都很成功。後來很多企業看他們經營得有聲有色，也紛紛開始銷售股份籌資。大眾對股票交易的興趣日增，股價開始出現暴漲暴跌的脫序現象）席捲了英國的金融市場。（編註：鬱金香狂熱、密西西比泡沫事件，以及南海泡沫並稱為歐洲早期的三大經濟泡沫。）

　　之後還有更多的問題。十九世紀的美國，每20或30年就會發生一次投機性的景氣。這儼然已經變成了一項傳統，對殖民地而言，不論在北方和南方，都曾經歷過這種

慘痛的教訓，當時的貨幣已經失去了支撐。美國在革命戰
爭期間發行的大陸幣紙鈔，還曾留下一句名言「一文不
值」（not worth a Continental）。在1812～1814年的戰爭之
後幾年，曾有一次房地產的景氣；1830年代出現對運河與
高速公路盲目的投資──這些被稱為內需產業的推動。同
樣地，其中參雜了沒有任何價值支撐的紙鈔，任何人只要
能租下一棟比鐵匠鋪還大的店面，就能發行鈔票。此現象
到了1837年終於銷聲匿跡。之後1850年代，又來了另一
次景氣與崩盤的循環，當時有一家比大部分地區的銀行更
保守的新英格蘭的銀行倒閉，留下50萬美元的債務及用來
支付債務的86.48美元資產。

南北戰爭過後緊接著的是鐵路化帶來的景氣，但造成
1873年令人椎心刺骨的崩潰。之後另一個景氣於1907年也
同樣以戲劇化的方式結束，不過這一次紐約的大銀行已有
能力縮小損害的範圍。稍早英國的資金大量流入，引發美
國的投機交易，最著名的就是上述鐵路設備的投機風潮。
還有英國介入南美洲的事件，而南海泡沫早已被人遺忘
了。知名的英國霸菱銀行（Barings Bank）由於貸款給阿
根廷，最後逼得英格蘭銀行必須出手相救，才能免於破產
命運。就現在來說這是很有趣的，因為霸菱銀行在1990年
代，因為新加坡分行人員不當的金融操作而陷於泥沼。這
一次沒有援手；霸菱銀行從市場上消失了。

　　如果我們的經濟現在的確進入衰退——可以說是算總帳的日子——確實可以預見一些現象。有人估計，大約有四分之一的美國人直接或間接地參與股票市場。如果發生一次重挫，就會使得他們的支出緊縮，尤其是耐久財的支出，而且他們龐大的信用卡債務將產生沉重的壓力。結果會對經濟產生負面的影響。這一次不會像1929年那般慘痛。那時的銀行很脆弱，而且沒有存款的保險；農業的地位很重要，但是也特別脆弱；針對失業補助金、福利支出與社會保障也沒有緩衝的機制。現在上述情況已經比較好了，但仍有可能碰上經濟的衰退；那是正常現象。我們可以確定的是，身居華盛頓的官員還是會秉持傳統的慣例向人民再次保證。每次市場陷入困境的時候，安撫的話都是不變的：「經濟的基本面是健全的。」或只是說：「基本面很好。」聽到這些話的人應該都知道哪裡有些不對勁了。

　　我再說一次，我不會去作預測，只是提醒大家過去曾經如此鮮活地提醒我們的教訓。我在這本書中提出了最後的忠告。這本書是1955年春天出版的，當時是面對著一群有判斷力的讀者。它還曾短暫地出現在暢銷書的排行榜上，當時我曾欣慰地看著書店的櫥窗。後來在我經常前往紐約的途中，我有些憂傷，因為在舊拉瓜地亞機場（La Guardia）的小書店裡看不到它的身影。有一天晚上，我走進書店巡視一番，最後女店員終於注意到我的存在，問我

想找什麼。我有一點不好意思地說出作者的名字，然後說是要找一本叫做《大崩盤》（*The Great Crash*）的書。她口氣很篤定地說：「這可不是一本你能在機場中販賣的書。」（編註：「Crash」一詞也有「墜毀」之意，故不適合在機場販售。）

註解說明

　　近幾年來，很多作者和出版家認為，讀者對註解感到不快。我並沒有一丁點想要冒犯讀者的意思，但我認為這樣的想法是愚蠢的。沒有讀者會因為頁底的一些小字而困擾，而且不論是專家或是一般讀者，有時也需要知道一件事的來源出處。註解同時也足以顯現研究的用心有多深。

　　然而，在提供充分的資訊和掉書袋之間還是有差異的。在這本書裡，當引用公開的文件、書籍、雜誌、文章或是特殊的資料，我都會附上出處。然而有關1929年的許多故事都刊載在當時的一般及財經刊物上。有系統地引用這些資料將會不斷重複提到相同的報紙，這是我所不願意做的。也就是說大體上而言，如果沒有附上出處，讀者可以假定它曾經在《紐約時報》、《華爾街日報》和當時發行的一些報紙上刊載過。

第1章

「夢幻、無窮的希望與樂觀主義」

1928 年 12 月 4 日，柯立芝（Calvin Coolidge）總統最後一次把國情咨文送交重新開議的國會，而國會中就連最悲觀的議員也從他所發表的言論中得到了安慰。「美國過去的國會議員在了解國內情勢的發展上，無法像本屆的議員一樣，可以遇到這樣令人滿意的形勢。目前國內的狀況顯現出來的是平靜與滿足的氛圍……而且景氣繁榮的時間持續最久。國外的情勢也一樣平和，各國之間由於彼此的了解，產生了友好的氣氛……」他告訴國會議員，他們和人民可以「對現狀感到滿意，並樂觀期待未來的發展。」他敏銳地打破了古老的政治慣例，忘記把天下太平歸功於他所帶領的行政團隊。「這些史無前例的盛況，主要來自於美國人民的正直與品格。」

當代的歷史學家全都群起攻擊柯立芝膚淺的樂觀主義，讓他無法察覺國內外正在醞釀的一場暴風雨；這樣的言論有些不公平。要預測災難既不需要勇氣也不需要預知能力。在形勢一片大好的時候預測災難，才需要勇氣。歷史學家樂於迫害千禧年的假預言者，而對於那些誤判世界末日的人，他們則永遠不會介意。

柯立芝還提及許多發展順利的事。事實上，誠如自由派的憤世嫉俗者所堅稱，有錢人聚積財富的速度遠超過窮人貧困的速度。農民們活得很痛苦，自 1920～1921 年的不景氣以來，農產品的價格大幅下降，但成本仍居高不

下。住在南方的黑人和阿帕拉契山脈（Appalachian）南部
的白人，活在讓人奄奄一息的貧困之中。而有著高聳的三
角牆、鉛玻璃、雅緻的英國老房子和仿製巧妙的都鐸式住
屋，正在鄉村俱樂部的地區興起；但是在市內，還是可以
看到在東部以外散發著陣陣惡臭的貧民窟。

　　儘管如此，美國的二〇年代仍然是一個富裕的年代。
工業產品的產量與就業率維持在高檔，而且還持續上升。
工資方面並沒有上漲多少，但商品的價格是持穩的。雖然
有許多人依舊窮困，然而還是有更多的人過著相當舒適、
富足、寬裕或是比以前優渥的生活。最後一點，美國的資
本主義毫無疑問地仍在繁榮滋長的階段。在1925到1929年
之間，生產廠商的數目從183,900家增加到206,700家；產
值從608億美元上升到680億美元。[1]美國聯準會的工業生
產指數1921年平均只有67點（1923至1925年為100點），
1928年7月上升到110點，到了1929年6月再上升到126
點。[2] 1926年一整年，全美的汽車產量高達4,301,000輛。
3年後的1929年，產量增加了100萬輛，達到5,358,000輛，[3]

1　U.S. Department of Commerce, Bureau of the Census, *Statistical Abstract of the United States*, 1944-45.

2　*Federal Reserve Bulletin*, December 1929.

3　Thomas Wilson, *Fluctuations in Income and Employment*, 3rd ed. (New York: Pitman, 1948), p. 141.

與繁榮的1953年新車登記數量5,700,000輛不相上下。企業盈餘也快速竄升，現在正是投入商場的好時機。的確，就連當時最偏頗的歷史紀錄也不得不承認，心照不宣地接受經濟發展良好的說法，他們幾乎是一面倒的苛責柯立芝，認為他無法預見這一切的美景已經好到了盡頭。

這個補償的鐵律——二○年代十年的好光景必須由三○年代的十年來補償——是值得反覆思考的見解。

二○年代所發生的一件事甚至連柯立芝都應該看得見，就是他口中所誇讚的美國人的個性。在他所讚揚的品格之外，他們的身上也顯示出一種強烈的渴望，想以最少的努力快速致富。這種人格特質首先顯現在有關佛羅里達的發展上。在二○年代中期，邁阿密、邁阿密海灘（Miami Beach）、珊瑚閣（Coral Gables）、東海岸和一直遠到北邊的棕櫚灘（Palm Beach），以及在灣區的城市，都受到佛羅里達房地產景氣的影響。佛羅里達的發達包含了所有經典的投機泡沫的要素。有一些屬於本質上的因素，例如佛羅里達冬季的氣候要比紐約、芝加哥或明尼亞波利斯（Minneapolis）來得好。收入的增加和交通條件的改善，使得佛羅里達州與冰天雪地的北方之間交通更加便利。的確，這樣的時代已經來臨，就像加拿大黑雁遷徙般

規律且令人印象深刻，富人每年亦會固定搭機南下過冬。

　　由於氣候的優勢，大家著手打造一個投機的神話。這裡的人並不需要被人說服，他們需要的是一個可以讓自己相信的藉口。在佛羅里達這件事上他們想要相信的遠景是，整座半島上不久就會住滿了懶洋洋想要度假與酷愛陽光的人士。如果到處都是人擠人，那麼連海灘、沼澤、泥塘和公有的灌木叢都會賣得出去。然而，顯然佛羅里達的氣候並沒有保證這種情形一定會出現。但是它的確能夠讓想要相信它會有這樣遠景的人相信，終有一天這種情形會實現。

　　然而，投機並無法全然仰賴自我欺騙而生。佛羅里達的建商把土地切割成一塊一塊的建地，然後在賣出時收取10%的頭期款。顯而易見的是，在這些被嫌棄的土地中，經過幾次轉手之後，已讓買主和路人都感到厭惡。這些買主並不想在此落地生根；難以想像會有人想在此長住久安。但這些只是不切實務的考量，事實上這些價值模糊的土地，竟然能夠在兩星期之內，以漂亮的價格脫手。這是投機氣氛的另一個特色，經過時間的流轉，能夠看透佛羅里達不能僅憑著天候的優勢支撐房價的人大幅減少；只要後面還有人前仆後繼地投入，而賣家又能以相當好的價格售出，又何必放棄致富的機會？

　　1925年一整年這種不勞而獲的利潤，吸引了大批的人

潮來到佛羅里達。每個星期賣方釋出更多的土地，整理分割出售。以前所謂的海岸地區，現在變成距離最近的海水只有5、10或15英哩。市郊離市區的距離變得相當遙遠。在投機的風氣向北擴散的時候，有一位雄心壯志的波士頓居民查爾斯・龐氏（Charles Ponzi）開發了「傑克森維爾近郊」（near Jacksonville）的區域，這塊土地位於該市區的西邊大約有65英哩之遙。（在與房地產其他相關的理念上，龐氏認為，緊鄰地區的素質要高且要很緊湊；於是他將1英畝的地分成23個單位賣出。）在一些接近市區的土地中，例如在曼哈頓不動產公司的促銷廣告裡，他們宣稱「距離繁榮、快速成長的奈堤市（Nettie）不到四分之三英哩」，而廣告中所提到的奈堤市根本就不存在。當時來到佛羅里達的車陣綿延不絕，交通堵塞的程度相當嚴重，以至於1925年的秋天，政府不得不宣布非必需品（包括運送新興地區的建材）禁止上路，狀況才得以抒解。然而房價仍然不斷飆漲，距離邁阿密40英哩的建地價格由8,000美元漲到20,000美元；濱水區從15,000美元漲到25,000美元，而你可稱之為海岸的地區則由20,000美元漲到75,000美元。[4]

---

4 其中的詳情主要刊載於兩篇討論佛羅里達房地產景氣的文章中：
   《房地產紀事》（*The Journal of Land*）中由 Homer B. Vanderblue
   所寫的文章，以及《*Public Utility Economics*》1927 年 5 月及 8 月。

　　然而到了1926年的春天，對推升價格最具關鍵性的新買主開始減少。接著的1928與1929年，由景氣帶動的能量並沒有在一夕之間瓦解。1926年建商強而有力的說詞重新激起這些逐漸減少的潛在客戶。（甚至政治名人威廉・詹寧斯・布萊恩〔William Jennings Bryan〕曾經砲轟金本位制，也銷售過令人可悲的沼澤地。）但是這次的景氣並沒有因為它自己的緣故而瓦解。1926年秋天有兩個颶風狂掃而過，按照費德利克・路易斯・艾倫（Frederick Lewis Allen，編註：1890～1954，《哈潑雜誌》編輯。同時公認為20世紀前半世紀著名的歷史學家）的說法，「這個從西印度群島醞成的熱帶氣旋，好不撫慰人心。」[5]1926年9月18日，這些颶風帶來了嚴重的災情，有400人喪生，數以千計房屋的屋頂被掀掉，大水和不少高級遊艇灌進邁阿密的街道上。雖然它的路徑每天都被密切的觀察，大家還是同意這場暴風雨帶給景氣一些健康的氣息。1926年10月8日《華爾街日報》報導，海濱航空公司（Seaboard Air Line）的主管且衷心相信佛羅里達未來的彼得・耐特（Peter O. Knight）承認，有1萬7,000或1萬8,000人需要獲得援助。但他隨即又補充道：「佛羅里達仍會屹立不搖，它擁有豐

5　*Only yesterday* (New York: Harper, 1931), p. 280. 由這本仍然鮮活的書中可以找到其他因這場颶風所造成的損害詳情。

富的資源、絕佳的氣候和地理位置。它是美國的蔚藍海岸
（Riviera ，法國地中海岸著名的避寒勝地）。」他很在意紅
十字會為颶風的捐助會「對佛羅里達造成永久性的傷害，
勝過收到救濟金的助益。」[6]

這種不願承認景氣結束的鐘聲已然敲響的心態，也與
過去經濟蕭條的模式相仿。佛羅里達的景氣已經宣告走到
峰頂。1925年，邁阿密銀行的票據交換金額是1,066,528,000
美元；到了1928年只剩143,364,000美元。[7]那些當初把土地
以很漂亮的價格賣出的農民，後來雖曾怪罪自己為何不能
等到價格飆升兩倍、三倍、四倍的時候再賣，現在有時也
會因為一連串的違約事件而又回收這些土地。有的時候建
地已經有了響亮的名號，而人行道、街燈也做好了，再加
上稅金和財產估價，總金額已是現值的好幾倍。

佛羅里達的榮景不只是1920年代氣氛的第一個訊號，
也展現了美國人認為上帝想要讓中產階級發達的信念。但
是這種氣氛仍然一直延續到佛羅里達的衰退期，這一點倒
是值得注意的。一般人都認為佛羅里達的榮景已經灰飛煙
滅，與後來進入股票市場的人相較之下，投機客的人數幾
乎已然變少，在每一個社區裡都有一個人曾在佛羅里達的

6　Vanderblue, *op. cit.*, p. 114.

7　Allen, *op. cit.*, p. 282.

投資上栽了個大跟斗。南海泡沫破滅之後的一個世紀，英國人對聲譽卓著的股份公司仍然有著一絲懷疑的眼光。然而，即使在佛羅里達的榮景崩潰的時候，美國人渴望透過對股市的投資能輕鬆快速致富的心態每天都在增強。

3

1920年代股市的榮景何時開始很難說。在這些年裡，股價的上漲自有一定的理由。公司的盈餘良好，營運持續成長。未來的展望頗佳。1920年代早期股價還甚低，而公司的收益看漲。

在1924年的最後6個月裡股價開始上漲，一直持續漲到1925年的一整年。在1924年的5月底，當時《紐約時報》25種工業指數是106點；年底漲到134點。[8]到了1925

8　在本書中，我使用《紐約時報》工業指數做為股價的基準。這一系列是算術未加權的平均數，包括《紐約時報》所提到25檔「績優又健全的股票，有正常的股價波動以及交易熱絡的市場」。選擇《紐約時報》的指數而非道瓊指數或其他的平均指數並沒有特別原因。我這些年來參考的是《紐約時報》的指數；它們比道瓊平均指數更接近非專業的讀者。同時，雖然道瓊比較有名，它們所內含的市場理論與當時的目的無關。要用工業指數而非鐵路或綜合平均指數的原因是，工業界的股票是投機買賣的主要焦點，而且展現了投資最寬的幅度。除非另有說明，否則所提到的價格是市場當日股市收盤的價格。

年12月31日，幾乎又上漲了50點，來到181點。1925年持續穩定上漲；距離股價無法顯示公司的淨收益只有幾個月的時間。

1926年的情況多少有點下滑。在當年稍早時，公司的營運滑落了一些幅度；大家都認為前一年的股價已經漲過了頭。到了2月時，市場發生了一次慘跌，3月間突然崩潰。《紐約時報》工業指數從年初的181點下降到2月底的172點，到了3月底下滑近30點，來到143點。然而4月時市場回穩，重新上漲。就在颶風吹走佛羅里達景氣的最後一絲氣息之際，10月又發生一次溫和的下跌。不過復元的情況很快，到了年底股價又回到年初開始起漲的地方。

1927年股價開始正式上漲。日復一日月復一月，股票的價格持續上升。由日後的標準來看，當時的收益並不大，但是它顯示出相當可靠的層面。1927年的兩個月裡，指數再一次回到起漲點。到了5月20日，查爾斯‧林白（Charles Lindbergh）從紐約的羅斯福機場飛往巴黎，有不少市民還沒有注意到這件事（編註：史上第一人完成獨自飛越大西洋不著陸飛行，全程費時33.5小時，獲得美國國會榮譽勳章和獎金）。當天市場還小幅上漲，而這一群忠實的股友無暇注意天上究竟發生了哪些事。

1927年的夏天，亨利‧福特（Henry Ford）宣布長銷的T型車退役，然後關廠埋頭研發新的A型車。美國聯準

會工業生產指數滑落的原因，可能是福特停工以及當時對
不景氣的憂慮所造成的。這些因素對市場的影響是無法察
覺的。到了年底，生產量又再次上升，《紐約時報》工業
生產指數已經來到245點，當年全年淨上漲69點。

1927年在股市的歷史上來說是另一個轉捩點。根據
長久以來大家的認定，就是在這一年種下了終極災難的種
子。而問題就出在一種寬宏大量、但是思慮欠周的國際主
義。有一些人（包括胡佛先生）認為這就是一種背叛的行
為，而當時對背叛的指控仍具有相當的殺傷力。

1925年，在當時擔任財政大臣的邱吉爾（Mr. Winston
Churchill）的建議下，英國回到第一次世界大戰前的金本
位制，以維持黃金、美元和英鎊之間的關係。毫無疑問，
邱吉爾認同的是過往傳統所代表的莊嚴地位，或是1英鎊
兌4.86美元的強勢貨幣，而忽略了對幣值高估所造成的微
妙難題。一般人認為他似乎並未了解這一點。然而隨之
而來的卻是冷酷無情和嚴重的結果。英國的消費者現在
必須使用這些價值高昂的英鎊去購買物品，而物價仍維持
在戰時通貨膨脹的水準。因此對外國的觀光客而言，英國
成了一個失去魅力的國家。同時，英國卻成為外國人銷
售物品的好地方。1925年開始了漫長的匯兌危機，就像
特拉法加廣場（Trafalgar Square）的獅子和皮卡地里大街
（Piccadilly）的流鶯一樣，現在成了英國的特色。國內也

出現不良的後遺症：煤礦的市場低迷，加上努力降低成本和價格以期能與其他國家競爭，導致1926年的大罷工。

然後如過往的情形一樣，黃金從英國和歐洲撤退來到了美國。如果一國商品的價格過高而利率甚低，如此便可能成為令人擔憂的情勢。（美國將變成一個不利採購和投資的地方。）到了1927年的春天，有三個令人敬畏的朝聖者——蒙塔古·諾曼（Montagu Norman，英格蘭銀行〔Bank of England〕的行長）、長久在位的耶馬爾·沙赫特（Hjalmar Schacht，德國國家銀行〔Reichsbank〕的行長），以及查爾斯·瑞斯特（Charles Rist，法國銀行〔Bank of France〕的副行長）——來到美國，促請美國施行放鬆銀根的政策。（他們之前曾經成功說服美國於1925年施行一個大致上類似的政策。）美國聯準會不得不接受這個建議。紐約聯邦準備銀行的重貼現率由4%降到3.5%。大家開始搶購政府發行的有價證券，造成銀行和個人手邊都沒有閒錢。身為聯準會一員的阿道夫·米勒（Adolph C. Miller）不贊成這種做法，之後他形容這麼做是：「聯邦準備銀行制度有史以來所做過規模最大和最大膽的操作……（它）犯下過去75年來由它或任何銀行所導致最昂貴的錯誤之一。」[9]聯準會釋出的銀根被拿來投資

9　參議院委員聽證會，引用 Lionel Robbins, *The Great Depression*

在一般的股票上或是（更重要的）協助投資人取得融資，獲得購買股票的資金。由於資金到手，投資人紛紛衝進股票市場。當時對這一段歷史最廣泛為人所知的解釋是倫敦大學經濟系教授萊昂內爾‧羅賓斯（Lionel Robbins）的評論：「從那天起，根據所有的證據顯示，情勢完全失控。」[10]

認為美國聯準會於1927年所採取的行動，要為接下來的投機與崩盤負責的觀點一直都言之成理。為什麼它會如此具吸引力是有理由的，原因很簡單，因為它讓美國人和他們的經濟制度免於受到任何實質上的指控。接受外國人指導的風險大家都知道，而且諾曼和沙赫特在動機上素行不良。

以上的解釋顯然認定，人們如果得到融資就會進行投機買賣；然而實情遠非如此。許久以前仍有不少時期信用的額度很高而成本低廉——遠比1927～1929年便宜——當時投機的行為並不興盛。如我們後來所見，除了在那些根本不想去控制它的人所接觸的範圍之外，1927年之後投機買賣也沒有失控。在經濟事務上，這種解釋只不過證明了可怕的胡言亂語是如何反覆出現。

(New York: Macmillan,1934), p. 53.

10 *Ibid.*, p. 53.

4

在1928年以前，甚至連保守的人都相信，普通股的
價格與公司的盈餘是同步增長的，預期未來還會進一步提
升，社會氛圍是和平而寧靜的，而且確信華盛頓當局不會
對企業盈餘輕易加稅。到了1928年初，景氣的性質改變
了。大眾開始追尋虛幻的遠景，真正展開了一場投機的
狂潮。不過，對於那些不想太脫離現實的人，還是必須確
保他們的信心——無論那信心是多麼微弱。如同我們將看
到的，這個確保信心的過程——創造出如同佛羅里達的氣
候那樣的產業投機標的——最後竟然達到專業的水準。然
而，該來的終究要來，就像過去所有的投機時代，人們不
願意面對現實，只是不斷找尋藉口，遁入夢幻之境。

1928年根據許多跡象顯示，這個階段已經開始，最明
顯的就是市場的行為。1928年的冬季市場還相當平靜，之
後市場開始上漲，不是緩慢穩定的上升，而是大幅向上攀
升。有的時候也會以同樣的方式回落，但只不過是短暫的
休息，然後又爬升得更高。1928年3月工業生產指數上揚
將近25點，市場沸騰的新聞時常登上頭版，個別的股票有
時候一天上漲10、15與20點。3月12日無線廣播（Radio）
這檔在許多方面都象徵投機的股票上漲了18點，第二天一
開盤比前一天上漲22點，而當交易所一宣布要調查它交易

的情形，股價就立刻下跌20點，然後又上漲15點，再接著下跌9點。[11] 幾天之後，在樂觀的氛圍下，它又上漲了18點。

　　3月景氣的熱絡超過以往任何時期，同時也是慶祝市場大戶操盤的成功。根據市場競爭的歷史，證券交易所是個最冷酷最沒有人性的市場。交易所的分析員和護衛者更是出面替它緩頰。「交易所是一個市場，在這裡價格反映了供需的基本法則。」紐約證券交易所堅定地替自己辯解。[12] 然而甚至連最虔誠的華爾街人士也會讓自己間或相信，有些個人的影響力會左右他的命運。在市場的背後，總是有一些大戶操弄股票的漲跌。

　　當景氣持續發展的時候，市場大戶從大眾的角度或至少從投機的角度來看，變得越來越能呼風喚雨。3月的時候，按照這種看法，大戶決定讓市場上漲，甚至連一些嚴肅的學者也傾向認為，有個一致的動作催化了這波的推升。若真如此，其中重要的人物就是約翰‧拉斯科布（John J. Raskob）。拉斯科布有相當良好的人脈。他是通用汽車（General Motors）的董事，而通用與杜邦（Du Ponts）

11　Allen, *op. cit.*, p. 297.

12　*Understanding the New York Stock Exchange*, 3rd ed. (New York Stock Exchange, April 1954), p. 2.

是伙伴的關係。他很快就被民主黨總統候選人艾爾‧史密斯（Al Smith）指派擔任民主黨全國委員會的主席。俄亥俄州州立大學的查爾斯‧阿摩斯‧戴斯（Charles Amos Dice）教授認為，這個任命象徵了華爾街新的威望以及美國人民的自尊。「今天，」他觀察道，「全國最大政黨之一、精明又世故的總統候選人，選擇了股市中最傑出的作手之一來擔任親善大使和吸票機。」[13]

　　1928年3月23日，在搭船啟程前往歐洲之際，拉斯科布樂觀看待當年的汽車銷售展望，以及通用汽車將會有多少市占率。他當時也許提出（儘管證據並不十分完整）──通用股價至少應該是本益比的12倍。這個意思就是要有225美元的股價，而目前的股價大約是在187美元。如《紐約時報》所言：「這就是他名字的魔力。」他這一席樂觀的看法讓股市的熱度直登沸騰的地步。到了3月24日星期六，通用汽車上漲將近5點，接下來的星期一來到199點。通用的暴漲同時也點燃其他股票爆出的行情。

　　至於在那年春天被認為是市場幕後推手的還有威廉‧可瑞波‧杜蘭（William Crapo Durant）。他是通用汽車的創始人，但是被拉斯科布和杜邦於1920年聯手逐出公司。在汽車業進一步探索之後，他轉而將全副心力投入股市。

---

13 *New Levels in the Stock Market* (New York: McGraw-Hill, 1929), p. 9.

一般相信，費雪七兄弟也有相當的影響力。他們都是出身通用汽車的人，因為把費雪車體（Fisher-body）賣掉之後獲得了大筆財富而來到華爾街。而另一位大戶是亞瑟・卡登（Arthur W. Cutten），他是出生於加拿大的穀物投資商，最近把重心從芝加哥交易所轉往華爾街。身為股市作手，卡登戰勝了嚴重的個人殘疾。他是患有重聽的人，而幾年後在眾議院委員會之前，連他自己的律師都承認他的記憶有缺陷。

戴斯教授把這些人歸為一類，對他們的「對未來的夢想和無窮的希望與樂觀主義」感到十分震驚。他注意到，「他們進入市場之後並沒有被厚重的傳統盔甲給束縛住。」在重新檢視他們對市場的影響之後，戴斯教授明顯發現言語難以形容的情形。他說：「由這些汽車業、鋼鐵業、廣播業孔武有力的騎士帶領，」他說，「最後在絕望中加入許多專業的投資人，即使在數不盡的灰燼過後，他們仍看到進步的遠景，柯立芝的市場已經像古代波斯帝國的馬其頓戰鬥方陣，綿延不絕地大步向前邁進……」[14]

5

1928年6月，市場衰退了一些，事實上，在最初三個

---

14 *Ibid.*, pp. 6-7.

星期的虧損幾乎像 3 月的獲利一樣大。6 月 12 日的損失特別嚴重，可以算是一個里程碑。就在一年前或更早的時候，有遠見的人就已經說過，一旦紐約證券交易所一天的交易量達到 500 萬股時，最高點就來臨了。曾經這些只是瘋狂談話裡的開場白，但有時候卻被現實趕上。3 月 12 日的成交量已經達到空前的 3,875,910 股，到了月底這樣的成交量已經不足為奇。3 月 27 日成交 4,790,270 股。接下來在 6 月 12 日有 5,052,790 股的換手量。股票行情板幾乎落後市場的現況兩小時；無線廣播的股價下滑了 23 美元，而紐約的一家報紙開始刊登它對這一天的觀察，「華爾街的牛市昨天瓦解了，坍塌聲全世界都聽得到。」

　　牛市告終的宣布來得比預期早，就像馬克吐溫的死訊一樣。在 7 月有一個小幅的上漲，到了 8 月是強勁的上漲。甚至連選舉接近了也無法大幅降溫。大家對未來還是保持堅定的態度。9 月 17 日羅傑·巴布森（Roger W. Babson，編註：1875～1967，美國企業家、商業理論家及投資家，尤以成立巴布森學院最為人所熟知）告訴麻薩諸塞州衛斯理（Wellesley, Massachusetts）的一個聽眾，「如果史密斯與民主黨所掌控的國會獲勝，那麼我們幾乎確定在 1929 年會發生產業蕭條。」他也說，「如果胡佛與共和黨所掌控的國會獲勝，那麼 1929 年應該會繼續繁榮下去。」當時民眾都認為胡佛會當選。無論如何，就在同一個月，

高層仍然發出保證的訊息。安德魯‧梅隆（Andrew W. Mellon，編註：1855～1937，美國銀行家、實業家、慈善家及藝術品收藏者，曾擔任財政部長）表示，「沒有擔心的必要，繁榮會持續下去。」

梅隆先生並不知道，此後其他公眾人物再也沒有發表過類似的聲明。這些不是預測；它也並不表示發表這些言論的人，比其他人看得更遠。梅隆參與了一場在我們的社會中被認為對景氣循環有著相當影響力的儀式。大家都如此認為，藉由嚴肅地證實繁榮會持續下去，可以協助保證繁榮事實上真的會持續下去。尤其是在商界人士之中，對這種魔咒的效果更是深信不疑。

6

胡佛（Herbert Hoover，編註：美國第三十一任總統，任期1929～1933，也曾於1921～1928年擔任美國商務部長）在選舉中獲得壓倒性的勝利。如果投機客了解胡佛內心真正的想法，應該會引起股市的重挫。在回憶錄裡，胡佛提到早在1925年他就對「投機氣氛的湧現」[15]感到憂心。經過之後的幾年，這種擔心逐漸演變成恐懼，然後變成對大

---

15 *The Memoirs of Herbert Hoover: The Great Depression, 1929-1941* (New York: Macmillan, 1952), p. 5.

災難前兆的恐慌。「有些犯罪，」胡佛提及投機時這麼說，「遠比被辱罵和懲罰的謀殺更糟。」[16] 當時身為商業部長的胡佛最重要的就是掌控市場的情勢。

　　然而胡佛對於市場的態度保密到家。大家並不知道他的想法，他們早已對柯立芝和聯準會失望透頂，以至於當時還無法透視他的立場。他獲勝的消息並沒有引起市場的恐慌，但反而引發到目前為止最大的買盤。11 月 7 日選舉之後的第一天，市場出現慶祝行情，龍頭股向上攀升了 5 到 15 點，成交量達到 4,894,670 股，只比 6 月 12 日的空前紀錄差一點，而這個新的高點出現在一個上漲而非下跌的市場。11 月 16 日買盤更進一步湧現，出現讓人震驚的 6,641,250 股換手量──遠超過之前的紀錄。《紐約時報》工業平均指數當天上漲了 4.5 點──當時被視為一次令人印象深刻的上漲。除了選舉的事後餘波之外，並無任何特別的事件可以鼓動這種狂潮。當天的大標題只是報導維斯特里斯（Vestris）輪船沉沒的事件，高級船員和水手擠開女人與小孩，忙著拯救自己的性命。11 月 20 日是另一個大日子，交易量衝到 6,503,230 股──比 16 日少一點，但是一般認為當天市場的情緒更加狂亂。第二天《紐約時報》如此報導：「就市場狂亂的現象而言，昨天股市的表現在

---

16 *Ibid*., p. 14.

華爾街的歷史上是史無前例的。」

12月的表現不太好，在月初有一次下挫，12月8日無線廣播單日大幅下跌72點。然而之後市場穩定下來，接著又回升。1928年全年《紐約時報》工業平均指數只上漲86點，從245上漲到331點。這一年無線廣播從85美元漲到420美元（它從未支付過股利）；杜邦從310美元來到525美元；蒙哥馬利公司（Montgomery Ward）從117美元漲到440美元；萊特航空（Wright Aeronautic）從69美元漲到289 美元。[17]當年紐約證券交易所全年交易的股數為920,550,032股，而在1927年的最高紀錄為576,990,875股。[18]但是還有另一個更重要的指標可以反映市場的狀況，就是大幅增加的保證金（margin）交易。

如前面所提過的，在景氣發展的某些時刻，資產所有權的各個層面會變成彼此不相關的個體，只有期待價格盡快上漲是相同的目標。來自財產的收入或是享用這些收入的過程，甚至其長期價值對現在而言都是不切實際的。就如令人厭惡的佛羅里達建地，它的使用權可能根本不存在

17 Dice, *op. cit.*, p. 11.

18 *Year Book, 1929-1930* (New York: Stock Exchange).

或是不能擁有使用權。人們只注意明天或是下星期,建地的價格是否會上漲——就像它們昨天或是上星期大漲的狀況——如此一來就能大賺其錢。

按照此脈絡,在景氣好時對所有權有興趣的業主,其唯一的報酬就是價格的上漲。如果價格上漲的權利現在多少可與所有權的其他當下不重要的權益分離,同時也與所有權的所有負擔分離,如此就會受到投機客的歡迎。這種安排會讓他把注意力放在投機的交易上,畢竟這是投機客的本業。

這就是資本主義的特質,只要真的有需求存在,不久就會獲得滿足。在所有投機的交易中,總有一些設計能讓投機客把注意力放在他的本業上。在佛羅里達房地產的景氣中,交易是靠著「臨時契約」(binder),而不是土地本身。臨時契約代表的是購買土地的權利,其價格已在交易時談定。這個購買的權利——需要先付出10%的頭期款——也可以轉賣,因此給予投機客漲價的所有好處。在建地的價格上漲後,他可依購入的價格加上利潤再行賣出。

所有權最糟糕的負擔是,不論是土地或任何其他資產,都需要拿出現金付款。但若使用臨時契約就可以把負擔降低90%——或是可以讓投機客獲利的建地大了十倍。於是買主心甘情願地放棄所有權的其他優點,包括當時沒有的當期收益,以及永久使用的好處,而這些是投機客完

全不感興趣的。

　　股市也為了投機客集中他的精力而有所設計，同時，如眾所期望的是，它實質上改良了房地產市場的粗糙之處。在股市中，投資人可以獲得融資購買股票，他可以完全擁有這些資產。然而他卻也能藉由把股票留在經紀人處，當作融資的擔保品，因而擺脫擁有的最大負擔──拿出現金。買主又能得到股價上漲的利益──股價上漲，但當初購買價並沒有隨之上漲。在股市中投機的買主也能獲得他所購買股票的股利分配。然而，在過去的情形，這些公司盈餘幾乎一定不如融資所要付出的利息高，通常盈餘的金額要少多了。股票的收益率經常是從無到1、2%。但是融資的利息時常是8、10%或是更高的利率。投機客願意支付利息，放棄股票的所有權，只為了獲得漲價的價差。

　　華爾街把投機的機會與不受歡迎的報酬和所有權的負擔加以分離的機制，既巧妙又精確，幾乎可以說是非常漂亮的一招。銀行提供資金給經紀人，經紀人再提供給客戶，而擔保品再從一個平順且自動的流程回到銀行手中。保證金──投機客一定要提供的現金，加上他的股票以保護放款人的權益。如果萬一抵押的股票價格下滑，他還要增加保證金的金額，以免他們提供的保護等級下降──這些保證金可以輕鬆地計算出來並得到監控。市場的利率

變動得很快，因此很容易調整資金的供需情形。然而，華爾街永遠不能說出他們對這些安排的驕傲。在他們的工作目標方面，他們是值得欽佩的，甚至可以說是很精彩的表現。他們的目標是提供投機客更多的方便，並且持續改進這些技巧。但這個目標是不能承認的，如果華爾街承認該目標，那麼數以千計的衛道人士一定會譴責他們在資助邪惡的事，而呼籲要改革它。所以，要替保證金交易辯護的話，不能說它有效率且靈活地支持了投機客的行為，而應該說它把一個交易清淡的市場變成了交易熱絡的市場；充其量這也不過是一個乏味而且可疑的副產品。在上述這些事務裡，華爾街就像一位可愛又有才藝的女人，一定要穿上黑色的棉質長襪、沉重的羊毛內衣，然後像廚師一樣展現她的知識，但很不幸地，她至高無上的成就只是當一名娼妓。

然而，甚至連市場上最謹慎保守的朋友也承認，經紀人的放款額度——就是支付保證金以購買股票的額度——是投機買賣量很好的指標。透過這個指數，我們可以看到投機買賣在1928年竄升得非常快。1920年代初期，經紀人的放款金額——因為它們的流動性，時常被稱為同業拆款（loans in the call market）——在10億到15億美元之間。1926年初，放款金額增加到25億美元，這樣的水準維持了一整年。到了1927年又增加了大約10億美元，到了年

底金額為3,480,780,000美元。這是一個令人難以置信的金額，但這只是開始。在度過1928年冬季兩個清淡的月份，交易量小幅下跌，然後又開始大幅增加。1928年6月1日到達40億，11月1日50億，到了年底到達60億美元。[19]以前從未發生過這樣的事。

大家開始湧向信用市場——換句話說，可以獲得價差但不必付出擁有股票的成本。這個費用一開始由紐約的銀行承擔，但是他們沒多久就成為全國融資的橋樑，業務甚至擴展至全世界。在紐約，為什麼有這麼多人渴望鉅額貸款並不奇怪。證券投機買賣的矛盾之一是，借出的金額是在所有投資的項目裡最安全的一種。因為在正常的情形下，股票可以立刻出售，還有現金的保證金，所以貸款人有雙重的保障。如前所述，資金可以因為需要而隨時取回。1928年年初要得到這個流動性極佳且既安全又沒有風險的資本，需要支付大約5%的成本。5%是一個非常優渥的報酬，1928年該利率穩定成長，在當年的最後一個星期，利率到達12%，在當時還算是相當安全。

在蒙特婁（Montreal）、倫敦、上海和香港，大家無不談論這些利率的情形。各地的有錢人告訴自己12%就是

---

19 年底時金額為5,722,258,724美元。該數字來自於1928-1929年紐約證券交易所的年鑑，且不包括證券經紀商的定期貸款。

12%。於是資金開始湧向華爾街，這些資金全是用來協助美國人以信用的方式持有普通股。此外，各企業公司也發現這些利率極具吸引力。在華爾街的股市操作，可能獲得超過12%的收益，也超過公司出貨的利益。有一些公司便決定：與其費盡工夫生產商品，還不如投入投機的交易。於是，有更多的公司開始將他們多餘的資金貸給華爾街的證券公司。

不過，還有更好賺錢的管道。原則上，紐約的銀行可以5%的利率向聯邦準備銀行借款，然後再以12%的利率在短期同業拆款市場（the call market）貸出。在實務上他們做到了，這可能是長久以來最有利潤的套匯操作。

8

然而，在1928年仍有許多可以賺錢的管道。史上從來沒有哪一個時代比那時更容易致富，而大家都知道這一點。是的，1928年的確是美國人可以快活、不受約束、完全快樂的一年。並不是1928年太好而無法持續；而就只是它沒有持續下去。

在《世界工作》（World's Work）雜誌一月號裡，作家威爾‧潘恩（Will Payne）在探索這一年的各種神奇現象之後，繼續解釋賭徒和投資者之間的差異。他指出，賭徒是因為其他人的失敗，所以他勝出。而投資乃是全贏的局

面。投資人以100美元買入通用汽車的股票,再以150美元賣給另外一個人,而此人再以200美元賣給第三個人,如此每個人都賺到了錢。白芝浩(Walter Bagehot,編註:1826～1877,英國商人、散文家及記者)曾經觀察道:「當人們處在最快樂的狀態之下,最容易掉入輕易相信別人的陷阱中。」[20]

---

20 *Lombard Street*, 1922 ed. (London: John Murray, 1922), p. 151.

第 2 章

應該有所作為？

　　若單純從回顧的角度來看，很容易就看出1929年註定是一個令人難忘的一年。這並不是因為胡佛先生不久就要成為總統而對市場抱持敵意。這些敵意最起碼有一部分是在回憶中培養出來的。也不是因為有智慧的人可以告訴你不景氣尚未到來。不論智者或愚人，無人知曉不景氣究竟已到來或尚未出現。

　　確切地說，真實情況只是，股市正處在牛氣沖天的景氣之中，就像所有景氣的最高點，它必然有結束的一天。在1929年元旦，就像簡單的機率問題，最有可能的狀況是，景氣會在該年年底前結束，而在其後的任何一年結束的可能性正逐漸下降。當股價停止向上攀升——亦即希望買入而獲利的人消失時——那麼以融資購入股票就顯得毫無意義，所有的人都想賣掉股票。市場不會呈現水平發展；它會猛然下挫。

　　有個現象一直反覆出現，就是那些對所發生的事至少應負有名義上的責任的人，他們的評價很難界定。政治上最古老的難題之一就是，那些統治別人的人該由誰來管理。但是一個從未受到應有注意的同樣難題是，誰能讓那些需要智慧的人變得更有智慧。

　　有些當局人士想要景氣持續下去，他們從股市賺到了錢，如果股市的景氣結束，就意味著他們個人也將面臨一場災難。但是也有一些人依稀看見，市場上有一種失控的

投機行為正在發生，而政府應該要針對這一點有所作為。
然而對這些人而言，任何行動都會引發棘手的問題。採取
積極的行動所引發的後果幾乎就像沒有作為的結果一樣慘
烈，而對那些採取行動的人那更是可怕。

　　一個泡沫是很容易被刺破的，但若用一根針點入，然
後讓它逐漸縮小則是一樁極精細的工程。在那些意識到
1929年初究竟發生了什麼事的人之中，有些人希望，但
是沒有多大信心景氣可以逐漸下降。真正要做的抉擇是，
在採取立即而精心設計的行動之後立刻崩盤，或是等待緊
跟著的更嚴重的災難。當災難來臨時，當然應該有人為最
終的崩潰負責。毫無疑問地，如果景氣被人刻意瓦解，
應該要有人負責。（近10年來，美國聯準會一直否認該對
1920～1921年的通貨緊縮負起責任。）最終的災難仍有難
以估算的優勢，只留下幾天、幾個星期或幾個月的時間。
如果在1929年初，這些問題已有了初步、不經裝飾的樣
貌，個人可以抱持懷疑的態度。但是不論問題如何隱藏或
是被人忽視，這些都會困擾處理市場問題的人。

　　對這些無法避免的決策需要負起責任的人是美國總
統、財政部長、華盛頓的聯準會，以及紐約聯邦準備銀行
的行長與董事們。紐約聯邦準備銀行是美國聯邦準備銀行

中最有權勢的，而且也最接近市場，它所肩負的責任遠甚
於聯邦準備系統中另外十一個銀行。

柯立芝總統既不知道也不關心正在發生中的事。在
1929 年離職的前幾天，他很愉快地觀察道：情勢的發展是
「完全穩健的」而且「股價很便宜」[1]。在早幾年，只要有人
提出警告投機買賣將會失控，他就會安慰自己說，市場的
管理主要是聯準會的責任。[2]聯準會可算是一個半自治的機
構，因為國會保護它免受行政機關過度的政治干擾。

不論總統的顧慮有多輕微，柯立芝應該可以透過他的
財政部長——聯準會的當然成員之一，採取必要的行動；
財政部長的主要職責還有擬定經濟和金融的政策。但是在
這件事還有其他經濟政策事務上，現任的財長安德魯・梅
隆支持無為的做法，因此把責任推到聯準會和聯準會銀行
身上。

對經濟活動的管制無疑是公眾事務中最粗糙與最不討
好的做法。原則上幾乎每個人都會持反對的立場；它的立
場總是藉由兩害取其輕這種不討喜的說法得以確立。管控
的方法會先在國會經過言詞尖銳的辯論，壓力團體之間彼
此赤裸裸的利益，其暴露的程度有時到了令人不堪的地步。

1　*The Memoirs of Herbert Hoover*, p. 16.

2　*Ibid.*, p. 11.

而由磨人的官僚制度所頒布與執行的規章制度，免不了一直受到大眾的批判。近幾年來，制訂規範的人一有機會就會主動承認他們的不足，而這一點不管如何都太明顯了。

這個沉悶的故事中有一個很大的例外是中央銀行的管控——對美國而言就是聯準會系統。這種管控是適當且合宜的，沒有人需要為它道歉；完美的保守主義者會在必要的時候表達支持的立場，雖然他們幾乎從來不需要這麼做。這些管控措施不是在購物中心擁擠的辦公大樓內數以千計的店員、統計家、聽證會的高級人員、律師，以及較不重要的人所要做的工作，而是由溫和而有威嚴的人，經過慎重而有條理的討論所形成的；他們每個人都有一間常用的辦公室，裡面有典雅的書桌，牆面有精緻的嵌鑲，窗戶掛著華麗的帷幕。這些人並不會主動發布命令，他們頂多提供建議。他們主要的工作在調整利率，購買或賣出股票，調整經濟政策的鬆緊。由於他們的工作無法為大多數的人所了解，所以可以合理假定他們有超凡的智慧。他們的行為有時候會遭受批評，但是更常被人用放大鏡來檢視，以了解背後是否有隱藏的含意。

這就是中央銀行神祕的**魅力**。這也是1929年華盛頓的聯準會令人肅然起敬的角色，他們一方面制訂政策，一方面引導和指揮美國的十二家聯準會銀行。然而，當時面臨了一種令人懊惱的難堪：聯準會的無能已經到了令人咋舌

的地步。

　　幾年以來，一直到 1927 年的下半年，被視為指揮天才擔任聯準會主席的是丹尼爾・克理辛傑（Daniel R. Crissinger）。他曾擔任過俄亥俄州馬里昂的馬里昂蒸汽挖土機公司（Marion Steam Shovel Company）的總律師顧問。沒有證據顯示他是一名聰明的學者，然而他的背景似乎讓另外一位來自馬里昂的人頗為滿意——華倫・哈定（Warren G. Harding，編註：1865～1923，美國第二十九任總統，任期1921～1923）把他帶到華盛頓，那裡的人都把他當成俄亥俄州來的政客。1927 年克理辛傑被羅伊・楊（Roy A. Young）取代，楊曾擔任八年（編註：1919～1927）明尼亞波利斯（Minneapolis）聯邦準備銀行的行長。楊，這位更具有份量的人物，毫無疑問地知道內情。然而，他是一個謹慎的人，他並不想成為泡沫破裂的烈士。他的同事都是柯立芝執政團隊平庸的人，只有一個例外——前大學教授阿道夫・米勒——他們曾被胡佛保守地稱做「平庸之輩」（mediocrities）。[3]

　　紐約的聯邦準備銀行則處在較有活力的領導之下。一直到 1928 年以前，多年來的行長都是班傑明・斯壯（Benjamin Strong），他是自尼古拉斯・比德爾（Nicholas

---

3　*Ibid.*, p. 9.

Biddle）之後，第一位在美國能建立中央銀行權威地位的人。斯壯的見解在聯準會的系統中廣為人所接受，其影響力僅次於金本位制。然而，胡佛認為——在這件事上胡佛的看法廣為人所了解——斯壯截至目前為止鮮少關心通貨膨脹的問題，而他最該為這件事負責。因為他在1927年率先降低利率，協助歐洲人擺脫經濟困境。因此胡佛後來稱他為「精神上依附歐洲」（a mental annex to Europe）的人。[4]

這麼說是不公平的，在當時的環境下，斯壯的舉動完全是合理的，如上一章所言，啟動投機買賣所要花費的力氣超過一般的借貸。然而，紐約聯邦準備銀行在斯壯的領導下，並未受到投機買賣多少干擾。即使在斯壯於1928年10月去世，由喬治・哈里森（George L. Harrison）接任，情況仍然如此。其中一個理由無疑是，那些發布安撫人心說法的高層人士，他們自己也大玩投機的遊戲。其中之一是查理・米契爾（Charles E. Mitchell），他是國家城市銀行（National City Bank）的董事長，1929年元旦成為紐約聯邦準備銀行的首席董事。景氣的結束即代表米契爾的結束，他不會是個加速自己死亡進程的人。

4　*Ibid.*, p. 9,10.

3

根據當時公認的歷史記載，美國聯準會被視為無能或甘願無所作為。他們曾經想要防堵泡沫的破裂，但卻苦於缺乏干預的方法。這是一個需要非常細膩手法的工程，但它大幅掩飾當局所面對困境的真正本質。

典型的控制工具真的大部分都沒有發揮作用。幾乎就如每個大學二年級的學生所知道的一樣，有兩種方法可以進行操控：公開市場操作與重貼現率的調控。美國聯準會在公開市場上賣出政府證券[5]，獲得的現金存放在準備銀行的保險庫內，既不會生息亦不會造成任何危害。然而，一旦這些現金流入商業銀行，就會以數倍的金額大量借給民眾，特別是在當時購買普通股的人。

這個政策若要成功，聯邦準備體系顯然一定要有證券可以銷售。自 1930 年以後因為連年的不景氣、戰爭和財政赤字所帶來難以估計的祝福之一是，聯準銀行持有政府龐大的債務。1929 年，各準備銀行的資金並不是很充足。在 1928 年年初持有的債券是 6.17 億美元。當年上半年已經進行大批的拋售，企圖收回市場的資金。儘管銷售的行為在下半年稍有停止，因為大家錯以為政策已經發酵，景氣

5　或是賣出或降低商業票據（commercial paper）的庫存量。

受到了控制，然而聯準會卻無論如何也無法再堅持下去。
1928年年底，聯邦準備銀行體系的政府證券只剩2.28億美
元。如果這些證券全部進入市場，可能會有一些作用，但
是聯準會並不願意下這樣的重手，唯恐一不小心減損了聯
準銀行收益性的資產。在1929年的頭幾個月內，銷售了大
約幾百萬美元的證券，但是效果不彰。而且聯準會在採行
這個效果疲弱的政策之後，擔心在緊縮資金流入股市的同
時，可能會對「合法的」企業產生不良的影響。聯準銀行
繼續購買承兌票券——在融通一般非投機買賣過程中所出
現的證券——而且免除持有這種證券的需要，商業銀行因
而可以放心地在股市中貸出更多的資金。

　　聯準會另一個政策工具是重貼現率的調整。這是商業
銀行向其當地的聯準銀行借貸的利率，如此它們就可以在
自己的能力範圍之外，協助更多貸款人。1929年1月，紐
約聯邦準備銀行的重貼現率是5%，而證券經紀人的貸款
利率則從6%到12%。如果重貼現率快速提高，銀行為了
要直接或間接貸款給股市投資者，向美國聯準會借貸將
無利可圖。無端劇烈的升息除了引起大眾的反感外，也會
提高一般商人、消費者和農夫的借貸利率。事實上，較高
的利率對每一個人都是噩耗，除了投機客之外。比如說
投資人在1928年一整年以10%的利率成本持有無線廣播
（Radio）的股票，就算利率再高一倍，他也不會被高利率

嚇阻或是受到干擾，因為在同一年，他可以從投資上獲得500%的報酬率。

1929年2月14日，紐約聯準銀行提議重貼現率從5%提升到6%，以抑制投機的行為。位於華盛頓的聯準會則認為此舉毫無意義，如此只會增加企業貸款人的利息負擔。接著發生一場漫長的對立，胡佛總統站在聯準會這方與銀行對抗。利率一直到夏末才升高。

還有另一個狀況是聯準會無所作為的大好藉口，就是先前提過由公司和個人提供市場的資金。1929年時，紐澤西州的標準石油公司（Standard Oil of New Jersey）每天平均提供短期同業拆款市場6,900萬美元的資金；電子債券與股票公司（Electric Bond and Share）則提供1億美元以上的資金。[6]有些公司——城市服務（Cities Service）是其中之一——甚至銷售證券且將盈餘貸給股市投資人。[7]截至1929年初，這些來自非銀行體系的放款金額幾乎等於銀行的放款，後來它們的金額更大幅上升。美國聯準會主管當局則理所當然地認定，他們對這些資金的供應無法施加任何影響。

6　*Stock Exchange Practices*, Report of the Committee on Banking and Currency pursuant to Senate Resolution 84 (Washington, 1934), p. 16.

7　*Ibid.*, pp. 13-14.

4

事實上，正因為美國聯準會並不想要有所作為，所以陷入無助的困境。如果聯準會決定採取行動，它可以採取的方式，比方說，要求國會授權聯準會提高保證金比例以終止保證金交易。1929年的保證金比例並不低；經紀人發現情況有異，大部分都會要求客戶提供買入股票價值的45%～50%的現金當保證金。然而，這是無數客戶所有的現金。1929年1月，假如保證金的額度增加到75%，或真的有人提案這麼做，結果將導致許多小型的投機客和相當多的大投機商開始賣股票。景氣也許會突然有一個驚人的結束。（1934年透過證券交易所條例，最後授權給美國聯準會修改保證金交易的規則，這一年投機買賣有復甦的危險，就像禁酒的死灰復燃。）

實際上，甚至連新的立法或威脅要立新法都不需要了。1929年，某位高層人士對投機客和投機買賣的嚴厲譴責，以及警告市場已經過熱，幾乎要打破這場魔咒，而把一些人從虛幻的世界中帶回來。那些打算盡可能留在市場內的人，時候到時仍會被踢出場或是資金耗盡。他們職業性的焦慮已經轉換成立刻賣出手中股票的強烈渴望。一旦賣壓啟動，許多更悲觀的言論只會讓它更停不下來。

這樣的措施所帶來的效果，正是問題所在。在美國聯

準會所能使用的武器中，言論的效果是最無法預知的。它們的影響可能來得非常突然而可怕。而且，這些結果會直接、準確地反彈回給那些發布言論的人。在1929年年初，對非常謹慎的聯準會官員來說，沉默似乎是金。

然而景氣正酣。1月《紐約時報》工業指數上漲30點，高於11月選後的慶祝行情。證券經紀人的放款金額異常大漲了2.6億美元；就在新年過後5天之內，其中有3天市場行情強強滾，紐約證券交易所的成交量突破不可思議的500萬大關。有效的行動可能遭致災難，但是要採取一些行動的情勢似乎無法避免。最後聯準會決定寫一封信，並且發布新聞稿。它所做的不能再少了。

2月2日聯準會向其轄下的聯準銀行發布消息：

> 成員（商業銀行）向聯準銀行重貼現的時候，不論是為了進行投機性的放款或是為了維持投機性的放款，都不是它合理的目標。只要與美國聯準會銀行無關，聯準會就沒有權干涉會員銀行放款的行為。然而，只要有證據顯示，會員銀行接受聯準會的援助，進行投機性的放款，聯準會就有重大的責任。[8]

8　Thomas Wilson, *Fluctuations in income and Employment*, p. 147.

2月7日，在一篇堪稱範文、專家可能會願意反覆誦讀的公文裡，聯準會警告民眾：

> 當（聯準會）發現阻撓聯準銀行有效執行管理信用的工具、以調節商業和企業資金的情形發生時，它有義務進行調查，同時採取適當及有效的措施以修正錯誤；也就是說不論以直接或間接的方式，聯準會都要即刻限制其工具以防協助到投機信用的發展。[9]

幾乎在這個警告發布的同時，英格蘭銀行正將利率從4%提高到5%，以減緩英國資金流往國外的新樂園，結果造成市場暴跌。2月7日，股市的成交量為500萬股，《紐約時報》工業指數下滑了11點，第二天又繼續下跌。之後市場恢復正常，但是就2月整體而言，並沒有明顯的淨收益。經濟學家對此早有評論——美國聯準會在進行「道德上的勸說」。由於市場只出現暫時性的下挫，之後，大家普遍同意，此次道德勸說完全失敗。

確切來說，人們可以也可能應該要得出相反的結論。很難想像聯準會會發出這麼溫和、具試探性、又明顯驚慌失措的言論。特別值得注意的是，聯準會發表聲明，只要

9　*Ibid.*, pp. 147-48.

聯準會的信貸不受牽連，則無意干預任何支持投機的貸
款。顯然美國聯準會對抑制投機買賣的興趣，還不如擺脫
與投機買賣的關係來得高。根據觀察，有些匿名的撰稿人
擬定了一份說明，指出現階段的情勢未到警戒的地步，除
非投機情況更進一步加劇。然而在當時的緊張情勢下，甚
至像這樣輕描淡寫的警示也會引起股市的重挫。

5

　　市場緊繃的氣氛和聯準會那些在道德權威上無可挑剔
但同樣緊張的人，在3月份顯得更突出。當新的月份來臨
之際，柯立芝總統發表「股票還是很便宜，而且國家仍然
在穩健中發展」的樂觀言論。市場以大漲回應，此現象被
當時的報紙稱為「就職行情」（The Inaugural Market）。到
了3月4日，他對投機客的態度仍然很模糊。胡佛接任之
後接下來的幾個星期，市場仍然保持上漲的態勢。

　　然後到了月底，令人不安的消息傳到了華爾街。聯準
會天天在華盛頓開會，但不對外發表任何聲明。記者在每
個會議間緊追在聯準會官員身後，得到的回應卻是現在流
傳很有名的「緊抿著嘴的沉默」（tight-liped silence）。沒
有任何關於會議內容的蛛絲馬跡，儘管大家都知道，這些
會議與市場情況有關。會議日復一日地舉行，而且還破天
荒地在星期六舉行。

很快的它撐不了太久。3月25日，就在不適合開會的星期六之後的星期一，緊張的氣氛變得讓人無法忍受。雖然，或許就是因為如此，華盛頓當局仍然保持沉默，於是民眾開始賣出股票。投機股首選——商業溶劑公司（Commercial Solvents）、萊特航空（Wright Aero）、美國鐵路（American Railway Express）下滑了10或12點，甚至更多；《紐約時報》工業平均指數當天下挫9.5點。更重要的是，有一些銀行做出這樣的決定：在聯準會進行制裁之際，可能會獲得高於正常收益的報酬。於是他們開始削減短期同業拆款市場放款的金額，貸款給經紀人的利率提高到14%。

隔天，3月26日星期二，所有的情勢顯得更加嚴峻。聯準會仍然維持它迄今令人洩氣的沉默。恐懼的浪潮襲捲市場，有更多人決定賣出股票，因而當天衝出天量。紐約證券交易所當日有8,246,740股換手，遠超過之前任何的紀錄。股價似乎以直線下降，當天下跌20、30點算是稀鬆平常的事，《紐約時報》工業指數一度比前一日下跌了15點。數以千計的投機客，這些人先前的經驗是市場總是不斷上漲，而現在第一次看見自己璀璨的人生有了裂縫。每一次公布的股市行情都比上一次還要低，而且股票行情表已經無法應付空前的成交量，遠遠落後市場變化的速度。不但股市行情不佳，情勢也肯定變得更加險惡，因為

大家已經無法從股票行情表知道情況有多糟糕。在當天結束前，有數千人都收到經紀人措辭強硬的電報——與之前帶著鼓舞、多少有些信任和有錢叔叔的語調形成強烈的對比；他們要求立刻交出更多的保證金。

同時，銀行繼續展開雨天收傘的動作。惡劣的情勢也可能是由於一些職業炒手在倒貨，因為他們已經預見籌措不到持股所需的保證金的那一刻；而這一刻可能已經很接近了，因為在 3 月 26 日的早晨，短期同業拆款的利率達到 20%，是 1929 年景氣的高點。

1929 年 3 月 26 日可能是結束的一天。貨幣流量仍可能維持緊縮的現象，當局仍可能堅守這方面的態度，而恐慌也可能持續下去。每次價格的下跌都會引發一堆投機客急著賣出股票，從而導致股價進一步的下跌。但是這種情形並沒有發生，假如要歸功於某人的話，非查理‧米契爾莫屬。聯準會當局的態度或許舉棋不定，但是米契爾則不然。他總是站在支持景氣的這一邊。此外，他身為兩家美國規模最大、最具影響力的商業銀行之一的威望，野心勃勃、非常成功的投資銀行家的聲譽，以及紐約聯邦準備銀行董事的身分。這表示他說話的份量最起碼也與任何一位在華盛頓的官員一樣。在當天貨幣量緊縮、利率上揚，而且市場下滑之際，米契爾決定插手干預。他告訴新聞媒體：「我們覺得自己身負重任，其重要性超過聯準會任何

的警告或其他任何事物，要避開貨幣市場上的任何危機。」
他說，國家城市銀行會釋出資金，以避免任何倒閉清算的
情況發生，同時它也將（且也真的這麼做）從紐約聯邦準
備銀行獲得貸款，完成聯準會警示的任務。米契爾採取一
種「金融散文」的形式，巧妙地發布了海牙市長（Mayor
Hague）有名宣言的華爾街版本：「我就是澤西市的法律。」

　米契爾的聲明具有神奇的效果。在26日交易結束時，
利率已經趨穩，而市場也止跌回升。聯準會仍然繼續保持
沉默，但是現在它的緘默反而有安定人心的效果。這表示
接受米契爾出面控制局勢。第二天，國家城市銀行立約以
實行對支持景氣的承諾：宣布提供2,500萬美元給短期同
業拆款市場，以確保合理的利率，亦即利率16%的時候
先投入500萬美元，每降低一個百分點就再增加500萬美
元。幾天之後，在每月發行的通訊中，國家城市銀行替自
己的立場辯護，同時附帶陳述美國聯準會所面對的兩難情
勢。（國家城市銀行無疑陷入了自找的進退兩難局面。）上
頭寫著：「國家城市銀行完全了解過度投機的危險，而且
贊成美國聯準會想要因此遏止信貸過度膨脹的情形。同
時，銀行，泛指企業，認為美國聯準會銀行想要避免證券
市場的崩潰，因為崩潰會對企業產生嚴重的影響。」[10]

6

米契爾沒能逃掉別人的批判。參議院開始進行調查。參議員卡特・格拉斯（Carter Glass）是美國聯準會成立的贊助人之一，他對聯準會的運作有著非常熱忱的個人興趣，他說：「米契爾坦承自己對瘋狂的股市身負高度的責任感，遠超過他曾誓言對美國紐約聯準會銀行董事的責任⋯⋯銀行應該要求（他）立刻辭職。」聯準會永遠不會想到，如此做可能進一步會被認為它在道德上的勸告是沒有什麼力道的。

不過，聯準會被批評的程度甚至超過米契爾——儘管它已經盡可能無所作為了。亞瑟・布里斯本（Arthur Brisbane，編註：1864～1936，20世紀著名的美國報紙編輯）明智而審慎地說：「如果買賣股票是錯誤的，政府就應該要關閉證券交易所。如果不是，聯準會就不要管太多。」在《巴隆》（*Barron's*）金融週刊中有一篇重要的文章，塞思・愛克斯雷（Seth Axley）先生帶有一點偏見地說：「聯準會的作為似乎證明當時懷疑它是否足夠了解當時的

---

10 Quoted by Mitchell in *Stock Exchange Practices*, Hearings, Subcommittee, Senate Committee on Banking and Currency—The Pecora Committee, February-March 1933, Pt. 6, p. 1817.

情勢是對的。因為聯準會不讓投資者擁有認清經濟環境的方法、現在可以學會的技巧，以及幾乎難以令人相信的發明。」[11] 由於美國聯準會對抗投資者的主要動作就是開會與保持沉默，因此這樣的指責無疑有些嚴酷。然而，若與普林斯頓一位年輕學者所說的話相較，肯定要仁慈多了。這位學者因身為華爾街主要的護衛者而嶄露頭角。

約瑟夫‧史泰格‧勞倫斯（Joseph Stagg Lawrence）的著作《華爾街與華盛頓》（*Wall Street and Washington*）獲得有名的普林斯頓大學出版後，被重要的金融刊物稱為「新鮮的空氣」。勞倫斯先生在這本值得注意的書中提到，美國聯準會對華爾街的管控主要來自於成見──這個成見「根源於沿岸（包括華爾街）富有的、有教養的和保守的人民，與內陸貧困的、無知的和激進的先鋒團體之間，利益的衝突和道德與知識上的相斥」。[12] 有教養且保守的勞倫斯先生也對參議院中聯準會的護衛者說了重話，奇怪的是，被批評者當中也包括來自維吉尼亞州沿岸的參議員卡特‧格拉斯。「似乎令人難以置信的是，在我們美好的1929年，有一群被視為聰明的公眾人物，竟然容許盲目

---

11 *Barron's*, May 6, 1929.

12 *Wall Street and Washington* (Princeton: Princeton University Press, 1929), p. 3.

的狂熱和鄉巴佬的無知，以不受拘束的惡毒形式表現。然而，這正是已發生的事……來自老道明（Old Dominion，編註：位於維吉尼亞州沿岸）的參議員在荒謬的議院（有時被稱為審議會議〔deliberative assembly〕）崛起時，他話語的特點是缺乏理智和節制。鼓譟的偏執和喧鬧、無法控制的鄉下習氣已經陷無知的群眾於不義。」[13] 一些態度強硬的華爾街人士，在意識到「無知的群眾」指的就是他們後，可能會大吃一驚。

7

在 3 月受到米契爾的打擊之後，聯準會從戰場上撤退。然而市場上仍有些輕微的焦慮，不知聯準會接下來會怎麼做。到了 4 月，一般認為威廉・可瑞波・杜倫（William Crapo Durant）進行了一次祕密夜訪白宮，警告胡佛總統如果聯準會不撒手，將會陷入可怕的崩盤。但是總統並沒有表態。據說，杜倫去歐洲旅行之前已經降低手中的持股。[14] 到了 6 月，普林斯頓大學的勞倫斯先生說，「聯準會盡可能想辦法遏止過熱的市場。」他警告聯準會，它已經

13　*Ibid.*, p. v.

14　The visit is described by Earl Sparling, *Mystery Men of Wall Street* (New York: Greenberg, 1930), pp. 3-8. 該次訪問的真實性確鑿，但是作者的解釋權威性未定。

「激起一群誠實的、聰明的、熱心公益的人的敵意。」[15]（這也是華爾街的人士。）但事實上，聯準會已經決定讓這一群誠實的、聰明的、熱心公益的人自生自滅。楊行長後來說，「一旦歇斯底里的情形受到控制，」就會聽其自然發展，而聯準銀行只能自己承擔「無可避免的崩盤」。[16]更正確地說，聯準會主管當局決定不要對崩盤負責。

到了8月，聯準會終於同意提高重貼現率到6%。市場只回軟了一天。由這個行動所導致任何想得到的結果，都被同時降低承兌票據的購買匯率所沖淡了。

事實上，從3月底以來，市場對當局已經無所畏懼。胡佛總統派遣洛杉磯的銀行家亨利·羅賓森（Henry M. Robinson）當他的特使，前往紐約與當地的銀行業者討論景氣問題。根據胡佛總統的說法，羅賓森獲得保證，情勢是很穩健的。[17]證券交易所的副總裁理查·惠特尼（Richard Whitney）也被召去白宮，被告知要對投機行為採取行動。但是大家什麼事都沒做，而胡佛總統轉而從這樣的想法上獲得安慰：管理證券交易所的主要責任落在紐約州長

---

15 *Barren's*, June 10, 1929.

16 Seymour E. Harris, *Twenty Years of Federal Reserve Policy* (Cambridge: Harvard University Press, 1933), p. 547.我曾大量使用聯準會這項極為保守但謹慎的政策。

17 Hoover, *Memoirs*, p. 17.

羅斯福（Franklin D. Roosevelt）的身上。[18]

　　羅斯福最起碼在股市的事務上也採行自由放任的政策。波士頓有一家投資顧問公司「McNeel's Financial Service」很巧妙地以「後灣區」（Back Bay，編註：波士頓著名的高級住宅區）作比擬，自稱為「成功投資者中的貴族」，宣傳新的投資指南。它的廣告標題是：「在讀了《打敗股市》（*Beating the Stock Market*）之後，他賺了70,000美元。」毫無疑問地，無論是誰都有可能辦到。或許沒讀過這份刊物或沒有能力閱讀的人，都有可能大賺其錢。到了此刻，最後終於擺脫政府的行動或報應的威脅，股市航向瘋狂、廣大無邊的藍海。特別是在6月1日之後，所有的遲疑都消失了。在此之前或之後，從未有這麼多人能如此神奇、毫不費力、快速地致富。或許，胡佛、梅隆和聯準會的不介入是對的；也許，長久的窮困以換取瞬間的致富是值得的。

18　*Ibid.* 胡佛對這些細節不甚注意，包括日期在內。他曾提及惠特尼是交易所總裁，實際上那是他後來才接任的職位。

第 3 章

我們信賴的高盛

在 1929 年的頭幾個月，美國聯準會政策的深奧問題並不是唯一讓華爾街的菁英分子焦慮的問題。大家擔心的是，美國的普通股股票可能會用罄。股價如此高的原因之一是，沒有足夠的股票提供給投資人，因此它們產生了一種「稀有的價值」。據說，有些剛發行的股票因太過搶手，以至於立刻銷售一空，而且投資人以任何價格都買不回來。

的確，普通股的股票其稀有的程度遠遠超過以往供需歷史上的紀錄。毫無疑問地，1929 年秋天，股票市場上最引人注目的，就是大眾對購買股票的狂熱以及因此推升了股票的價值。另外，同樣讓人無法忽視的現象是股票數量增加的速度，以及公司為了要設計出容易銷售的股票，所展現令人嘆為觀止的熱情和心力。

其實，1928 年與 1929 年增加的股票並不全是為了投機客。對一般的公司也是一個很好的籌款時機。投資人熱情地提供資金，根本不會提出讓人沉悶的金融問題。（海濱航空公司的股票在當時是投機客的最愛，部分原因是有許多人評估它頗具成長的潛力。）在這幾年的榮景之下，人們很容易就以為景氣可以永遠持續下去。因此自然認為工廠一定要有良好的設備與營運資本。這可不是節省的時候。

同時，這也是一個合併的時代，每一次新的併購都必

須籌集新的資金和發行新的股票，以支付費用。接下來還必須提到有關二〇年代併購的事。

早在以前就有併購的行為，但是在許多方面看來，它卻是前所未有的。就在二十世紀前後，許多行業中的小型公司集結成大型的公司。美國鋼鐵公司（United States Steel Corporation）、國際收割機公司（International Harvester）、國際鎳礦公司（International Nickel）、美國煙草公司（American Tobacco），還有很多大型公司的出現都可以追溯到這個時期。在這些併購中，新公司面對全國的市場仍然生產一樣或是相關的產品。很少有以降低、消除或調整現有的競爭態勢為最主要的目的。每一個新誕生的巨人，都主宰了某一種產業，自此以後他們對價格與產量，甚至對未來的投資和科技創新的速度也產生了巨大的影響。

二〇年代，有一些透過這樣的合併所產生的公司。然而，大部分在此時期合併的公司，並不是要彼此競爭，而是在不同的行業中做同樣的事。當地的電力、瓦斯、自來水、公共汽車和牛奶公司集結成龐大的地區性或全國性的系統。其目的不是要消除競爭的壓力，而是要消滅當地無能、無法掌握現實、天真，甚至是無法保證廉潔的機構。二〇年代，在紐約或芝加哥市中心的人可以大言不慚地自稱為金融天才，而鄉下的老闆和經理人員可就不行了。談

到以複雜的中央管理取代鄉巴佬的好處時，大家都理直氣壯、振振有詞。

在公共事業方面，要達到管理與控制這種中央集權的工具就是控股公司。這些公司買下一般公司的經營權。有的時候他們買下控制其他控股公司的股份，因此得以直接或間接地控制其他的控股公司。各地的電力、瓦斯和自來水公司逐漸形成控股公司的型態。

食物的零售、各種商店、百貨公司和電影院發展出一種類似但不完全一樣的路線。一樣的是，當地的業主會把權力交給中央來指導與控制。然而，這種集權所運用的工具並不是控股公司，而是連鎖店。這些公司多半不會接管現有的企業，而是建立新的銷售通路。

控股公司發行證券是為了要購買營運資產；連鎖店發行證券則是為了要建立新的店面和劇院。在1929年前幾年，漸漸起步的公用事業系統——聯合瓦斯與電力公司（Associated Gas and Electric）、聯邦與南方（Commonwealth and Southern），以及英薩爾公司（Insull Company）——引起了相當多的注意，因此連鎖店最起碼可以稱為這個時代的代表。蒙哥馬利（Montgomery Ward）是當期最主要受投機客喜歡的標的之一，正因為它是一個連鎖店，所以有特別亮麗的未來。伍爾沃思（Woolworth）、美國商店（American Stores）和其他連鎖店也是同樣的情形。大眾對

銀行的分支與連鎖經營的方式也很有興趣，而且大家都覺得聯邦和各州的法律已經落伍了，它妨礙各個小鎮與小城市中的銀行與國家的系統整合在一起。各種打擊傳統法律的方式，尤其是與銀行控股公司有關的方面都受到高度的注意。

於是一些發起人紛紛成立新的公司，僅僅利用大眾對一些新穎且有廣闊發展前景企業的興趣，募集資金，並銷售股票。廣播和航空方面的股票尤其被看好，因此就有許多公司冒出頭來，但是這些公司事後證明卻從未有這樣的遠景。1929年9月，《紐約時報》刊登了一則廣告，呼籲大家注意即將問世的電視所帶來的影響力，他們大膽預告：「這種新的藝術形式所帶來的商業效果可能會壓抑想像力。」這則廣告多少有點缺乏遠見地認為，電視將在該年秋天進入家庭。然而，大體來說，1929年的景氣直接或間接與當時的工業和企業營運有關。為了新奇的目標而發行的新奇股票，通常在投機時代特別重要，然而實際上發揮功能並不大。諸如此類的股票沒有獲得大眾的青睞：「把海水淡化——替私生子建一所醫院——建一艘抵禦海盜的船隻——從西班牙進口一些大公驢，」甚至「恆動輪。」你可以在南海泡沫時期唸出一大堆這樣的名單。[1]

1　Walter Bagehot, *Lombard Street*, pp. 130, 131.

2

　　一九二〇年代末，最著名的投機工具就是投資信託或投資公司。大眾對普通股的需求就是靠它得到滿足的。投資信託並沒有創立新的企業或是擴張老的公司，它只是協助人們可以經由購買新的股票擁有老公司的股份。甚至在美國的二〇年代，現有企業可使用、或新企業可創造的實質資本，其總額都有所限制。投資信託的好處是，它可以讓公司股票的總量與公司現有資產的數額完全脫勾。前者可能是後者的兩倍、三倍或更多。因此，證券承銷業和可上市交易的股票量都大幅增加。可以購買的股票數也增加了，因為投資信託賣出的股票較他們買入的為多。其中的差額進入短期同業拆款市場、房地產或投資信託發起人的口袋。很難想像還有哪個發明更能符合這個時代的需求，或是更能消除因普通股的短缺所造成的焦慮。

　　投資信託並不是一種新的概念，雖然很奇怪的是，美國很晚才有此觀念。自1880年代以來，在英格蘭與蘇格蘭的投資人——通常都是較小的一些投資人——為了集資，已經向投資公司買進股票。而後者再將手中的資金進行投資，因此有擔保。典型的信託公司持有五百到一千家公司的股票。因此，持有幾英鎊或甚至幾百英鎊的人，可以將他的風險分散，安全度超過由他自己進行的投資。而信託

的管理可以經由在新加坡、馬德拉斯（Madras）、好望角
（Capetown）和阿根廷的財經專家和公司處理，遠比布里
斯多（Bristol）的寡婦和格拉斯哥（Glasgow）的醫生要更
專業，如此英國的資金就經常找到去處。此舉讓投資人面
臨更低的風險和更好的資訊來源，使得那些管理公司獲得
適當的報酬變得合理。雖然早期會有一些意外，但是投資
信託不久就在英國立足腳跟。

　　1921年以前，美國只有一些小公司是以投資其他公司
的股票為主要營運目標。[2] 在那一年大眾對投資信託的興趣
開始上升，部分因為有一些報章雜誌報導英國與蘇格蘭的
投資信託公司的做法。根據報導，美國並沒有跟上時代；
其他國家在信託上的創新超越了我們；然而，不久之後我
們就迎頭趕上。有許多信託公司陸續成立。截至1927年
初，估計有160家信託公司，而當年又成立140家信託公
司。[3]

　　英國信託基金管理人通常都對交由他們處理的資金非
常謹慎。起初，美國的信託發起人也會很小心地要求對這
樣的舉動採取信任投票。許多早期的信託公司是——投資

2　有統計數據顯示大約有40家。Cf. *Investment Trusts and Investment Companies*, Pt. I, Report of the Securities and Exchange Commission (Washington, 1939), p. 36.

3　*Ibid.*, p. 36.

人買了特定的股票，然後寄存在信託公司裡。至少，這些信託基金發起人會精確擬訂各種股票的購買、持有和管理的方法；但是在二〇年代，這樣的考量消失了。投資信託實際上變成投資公司。[4]它們把發行的股票賣給大眾——有的時候只是普通股股票，更多時候是普通股加上優先股、債券和抵押債券——所得的收益由管理階層處理，在他們認為適當的時候再投資其他商品。任何普通股的股東有意干涉公司的管理，信託公司就賣給他沒有投票權的股票，或讓他把他的投票權轉移給負責經營的信託公司。

有很長的一段時間，紐約證券交易所對投資信託公司仍然帶著懷疑的眼光；只有在1929年才有一些公司獲得許可上市。儘管如此，證券委員會仍要求投資信託公司在上市的時候，提供他們手中持股的帳面價值和當時上市的市場價值，然後每年提供一次手中的持股明細。這項條款把大部分投資信託的掛牌推往場外股票市場、波士頓、芝加哥或其他的交易所。除了便利性之外，拒絕揭露持股被認為是一個明智的預防動作。當時，大眾對信託經理人的投資判斷很有信心。據說，揭露他們的選股名單，就會引發投資人的搶購，使得這些股票大漲。歷史學家曾訝異地提

4　或更確切的說法是投資公司或投資法人，而在此處我選擇較不準確但更通俗的用法。

及南海泡沫當時某家信託公司的情形：「一家會在適當時候揭露內情的公司。」該公司股票據說賣得非常好。而投資信託的推廣效果，根據紀錄更是令人嘖嘖稱奇。這些公司的性質都一直未被揭露，而他們的股票也賣得一樣好。

3

據估計，在1928年間，大約成立了186家投資信託公司；到1929年頭幾個月，幾乎每個交易日都有一家投資信託公司設立，當年總共新設265家。1927年，信託公司向大眾賣出大約4億美元的股票；1929年，他們銷售了大約30億美元。這些至少是當年所有新發行股票的三分之一；到了1929年秋天，投資信託公司的總資產估計超過80億美元。自1927年初開始，已經增加大約11倍。[5]

一家投資信託的創立不同於一般的公司。幾乎在所有的案例中都是由另一家公司贊助。到了1929年，來自各界大量的介入，催生了許多新的投資信託公司。投資銀行、商業銀行、證券商、股票經紀人，以及最重要的，其他投資信託公司，一窩蜂地忙著設立新的信託公司。贊助者從摩根財團（the House of Morgan），也就是聯合公司和艾力

5　在本段中的估算數字都是來自於*Investment Trusts and Investment Companies*, Pt. III, Chap. 1, pp. 3, 4.

根尼公司（Alleghany Corporations）的贊助商，一直到昌西・帕克（Chauncey D. Parker），這是一家有財務危險的波士頓投資銀行，曾經在1929年成立三家投資信託公司，而且賣出25,000,000美元的股票給熱切期待的民眾。昌西後來損失了大部分的收益，最後不得不宣告破產。[6]

　　信託公司的贊助廠商並非沒有報酬。贊助公司一般會和接受贊助的公司簽訂管理合約。依據一般的規定，由贊助商經營投資信託公司，運用它的資金進行投資，然後收取按資本或盈餘的百分比為管理費。如果贊助者是股票交易公司，它也會針對它接受信託的股票進行交易時收取佣金。有許多贊助者是投資銀行，也就是說實質上該公司發行可供出售的股票。這的確是一個能夠保證有足夠股票可以銷售給大眾的方法。

　　而其中最大的報酬是，民眾急欲購買投資信託公司發行股票的狂熱。幾乎毫無例外，人人都願意支付高於發行價的可觀溢價。贊助的公司（或是它的發起人）取得股票或認股權證的認購配額，便有權以發行價買入，然後立刻轉手售出獲利。因此，剛提及的昌西，其名下的企業之一——一家名號響亮的海濱公共事業公司（Seaboard Utilities Shares Corporation）——發行了160萬股普通股，而公司

<hr />

6　*Ibid.*, Pt. III, Chap. 2, p. 37ff.

可以每股10.32美元的價格購入。然而這並不是大眾購買的價格，而是它提供給帕克和他同事的價格。於是他們再將這些股票以11美元到18.25美元的價格賣給一般大眾，然後再與銷售股票的一方分配收益。[7]

這樣的做法並不會為人詬病。1929年1月，贊助聯合公司（United Corporation）的摩根財團提供朋友（包括摩根的合夥人），一股普通股加一股優先股價格75美元，這真是便宜的價格。一星期之後，聯合公司開始掛牌交易，喊價到92美元，店頭的價格是94美元，4天後到達99美元。原先75美元的股票現在能以這些價格轉賣。[8]這樣輕鬆入袋的財富會刺激新的投資信託公司快速成立並不令人感到驚訝。

4

的確，只有一些人對此感到遺憾：無法每個人都能從這些金融進展獲得好處。在那些從上述提及的聯合公司股票發起上獲益的人當中，有一位是約翰・拉斯科布（John J. Raskob）。他身為民主黨全國委員會的主席，在政治上也對人們有堅定的承諾。他相信每個人都應該能擁有如他

7　*Ibid.*, p. 39.

8　*Stock Exchange Practices*. Report (Washington, 1934), pp. 103-4.

所享有的機會。

當年這種寬大的胸懷所產生的結果之一，就是《婦女家庭》(*Ladies' Home Journal*)上的一篇題為「每個人都應該致富」的文章。在這篇文章裡，拉斯科布先生指出，任何人只要每個月節省15美元，投資穩健的普通股，之後分配到的股利也不花掉，20年後就能累積到8萬美元。當然，以這樣的速度，很多人可以就此翻身。

但是要等20年。尤其在1929年，20幾年才能致富似乎是很久的時間，此外，身為民主黨員和人民的友人，這樣的漸進主義要冒著被認為是極端保守的危險。拉斯科布先生因此有了進一步的建議。他提議以投資信託，讓窮人有投資的管道，正如有錢人的做法。

1929年初夏，拉斯科布先生向民眾提出的計畫已有了進一步的細節。（作者說他已經和「金融業者、經濟學家、理論家、教授、銀行業者、勞工領袖、工業界的領袖，以及許多有構想但不重要的人」討論過。）將會成立一家公司開始購買股票。無產階級可以拿出比如說200美元給公司，然後公司會買入500美元的股票，額外的300美元公司將向為此目的而設立的分支機構取得，然後把所有的股票當成抵押品。最初，股東將會以也許一個月25美元的速度還清他的債務。而他當然會得到股票上漲的所有利潤，這是拉斯科布先生認為不可避免的趨勢。拉斯科布

先生切中要害，發現現有制度不足之處，他說：「身上凡是有200至500美元可以投資的人，現在要做的事便是購買自由公債（Liberty bonds）……。」[9]

大眾對拉斯科布的計畫的反應，就彷彿首次聽到質能轉換的新公式時那樣的新奇。「一個可實現的烏托邦」，有一家報紙這樣報導；另一家稱之為「華爾街偉大的心靈最偉大的見解。」一位厭煩且憤世嫉俗的評論者也被此感動，說它是「金融界的風範，超越過去華爾街所有的任何事物。」[10]

如果還有多一點時間，拉斯科布先生的計畫肯定能有所斬獲。大家對這種人的智慧與洞察力充滿了狂熱。我們可以由大家心甘情願地掏錢購買股票，看出對這些專業金融家的敬重。

5

要衡量對這些金融天才的尊敬程度，端視投資信託公司發行上市股票的市價與它自己所有股票價值之間的關係。一般來說，信託公司上市股票的價值大幅超越它所擁有的股票價值，有的時候到達兩倍之多，在這一點上是確

9　*The Literary Digest*, June 1, 1929.

10　*Ibid.*

定的。投資信託所擁有的唯一資產是普通和優先股票、公司債券、抵押借款、公債與現金。（投資信託公司時常沒有辦公室也沒有辦公設備；大多是由贊助的公司經營其投資信託業務。）然而，如果公司所持有的全部資產都在市場上賣出，其收益一定會比投資信託已經發行的上市股票少很多。顯而易見的是，後者在他們的資產背後有一些附加價值。

這些附加價值事實上是民眾因為他們專業的金融知識、技巧和處理的能力所賦予的。要評估股票投資組合的「市價」，就要視它為靜止的財產。但是對投資信託的資產還不只如此，因為投資組合還結合了寶貴的金融天分。這樣特別的能力可以激發出提升股票價值的總體戰略；可以聯合其他企業組織和資金以提升價值。它知道當別人也這樣做的時候，就會有同樣的效果；尤其有金融專才在處理一切。這就是普林斯頓的勞倫斯先生所認為的，「聚焦在全世界最聰明與最能判斷公司價值的人身上。」[11] 一個人可以直接購買無線廣播、J. I. Case 或是蒙哥馬利的股票，但是如果讓這些擁有專業知識和智慧的人來處理，將會更安全與明智。

到了 1929 年，投資信託公司意識到自己無所不知的

11　*Wall Street and Washington*, p. 163.

名聲及其重要性，因而抓住機會大肆擴張。聘請一位專屬
的經濟學家是方法之一，幾個月過後這些名氣響亮而眼光
敏銳的人之間展開了一場激烈的競爭。這是一個屬於教授
的黃金年代。有一家令人肅然起敬的投資信託集團，美國
創業集團（The American Founders Group），聘請普林斯頓
的貨幣專家艾德溫・卡麥容（Edwin W. Kemmerer）教授
擔任首席經濟顧問。他的手下是經濟學家魯弗斯・塔克博
士（Dr. Rufus Tucker），也是一位赫赫有名的人士。（由公
司後來發展的歷史來看，這些經濟學家並未發揮完美的作
用，提供精闢的見解。聯合創業公司〔United Founders〕，
是集團內最大的投資信託公司，其資產於1935年底下滑了
301,385,504美元，股價由1929年的高點75美元滑落到75
美分以下。）[12]

　　另一家相當大的聯合企業則是聘請大衛・佛來迪博
士（Dr. David Friday）擔任顧問，他由密西根大學前往華
爾街來發展。佛來迪博士的眼光和先見之名確實讓人甘拜
下風。還有一家密西根的信託公司聘請了三所大學的教授
──耶魯的歐文・費雪（Irving Fisher）、史丹福的約瑟夫・
戴維斯（Joseph S. Davis）、密西根的艾德蒙・戴（Edmund

12　Bernard J. Reis, *False Security* (New York: Equinox, 1937), pp 117 ff.
　　and 296.

E. Day）──當顧問。[13] 公司看重的不僅是它投資組合的變化，而且也看重它的顧問群，如此可完全避免耶魯、史丹福或密西根大學對市場單一的觀點。

其他的信託公司也競相以其他的條件，誘發旗下的天才努力表現。於是有人觀察到，信託公司擁有120家公司的股票，可以從「他們的總經理、高級主管和董事會的綜合效益」獲利。此論點進一步指出，「大型銀行體系與這些公司的關係緊密。」然而，多少在邏輯上有一點缺漏的是，該結論為「因此，信託公司動員了國家相當多優秀的商業人才。」另外一種同樣在邏輯上缺乏理論支持的說法則很滿意地指出，「投資是一門科學，而不是『一個人的工作』。」[14]

1929年時，越來越多的投資新手很自然地依賴信託公司的知識與技巧。當然這表示他們仍然要面對一個棘手的問題，就是如何分辨體質好的與體質不佳的公司。而一些有問題的公司就被揪出來了（雖然數目很少）。在《大西洋月刊》（*The Atlantic Monthly*）1929年3月刊裡，保羅・卡波（Paul C. Cabot）提過，說謊、粗心、無能和貪婪是這個新興行業普遍的缺點。這些的確是令人印象深刻的缺點，尤

---

13 *Investment Trusts and Investment Companies*, Pt. I, p. 111.

14 *Ibid.*, Pt. I, pp. 61, 62.

其出自身為業務蒸蒸日上的道富投資銀行（State Street Investment Corporation）的創辦人和高級主管，卡波先生的說法多少有一些份量。[15] 然而，投資人對這樣的警告，在1929年時反應微弱。而這樣的警告出現的次數也很少。

6

當時知識、操控的技巧或是金融的才華並不只是投資信託所有的魅力，還包括槓桿的操作。1929年夏季，大家不再那麼常提到投資信託了；反而改說高槓桿的信託、低槓桿的信託或沒有任何槓桿的信託。

槓桿的原理對投資信託公司的作用就如同揮鞭嚇阻的遊戲一般。就像眾所周知的物理定律一樣，在圓周中心的一個普通動作就足以在外圍產生強大的震動效果。投資信託公司操作槓桿的方式是經由發行債券、優先股及普通股，先獲取投資所需的資金，然後再把接近全數的金額，投入購買普通股的投資組合。當所購買的普通股上漲時（這在當時普遍被認為會有如此的結果），信託公司的債券與優先股的價值大多不受影響；[16] 這些證券都有固定的收

---

15 *Ibid.*, Pt. III, Ch. 1, p. 53.

16 在此假設它們是合理的保守金融商品，在當時，債券和優先股擁有無窮的轉換與參與的權利。

益。大部分或是所有的投資組合價值的上漲主要來自於投資信託的普通股，因此投資組合會大幅上漲。

舉例來說，1929年初有一家投資信託公司的資本為1億5,000萬美元——這在當時是一個合理的規模。讓我們更進一步地假設，資本額的三分之一來自於債券的銷售，三分之一來自於優先股的銷售，其餘的來自於普通股的銷售。如果投資了1億5,000萬美元，其所購買的股票有正常的上漲幅度，則投資組合的價值到了夏天就會增加大約50%，總資產將值2億2,500萬美元。而債券和優先股仍然合計值1億美元；它們的收益不會增加，如果在公司聲請重整的時候，它們所占資產的比重也不會變。因此，剩下的1億2,500萬美元就是信託公司普通股的價值了。換言之，普通股的資產價值將會從5,000萬美元增加到1億2,500萬美元，或是說增加了150%，但從整體而言信託資產的價值只有增加50%。

這就是槓桿作用的神奇之處，但這還不是它的全部。假如信託的普通股價格大幅上漲，而由另一個操作類似槓桿的信託公司所持有，則那家信託公司的普通股價值將會增加700%至800%之間，遠超過當初的50%。1929年時這種等比級數般的奇妙效用，對華爾街的影響無與倫比。於是大家一窩蜂地搶著贊助投資信託公司的成立，而成立的新公司又可以贊助另一家投資信託公司的成立，就這樣一

直衍生下去。此外，這種神奇的槓桿作用讓所有信託公司
背後的老闆，只要花費低廉的成本就能達成目標。成立一
家信託公司之後，買進普通股的股票，由於槓桿作用所獲
得的資本利得，使得公司相對容易贊助成立第二家較大型
的公司，除了提升收益之外，第三家更大的信託公司就有
可能出現。

　　因此，熱心倡導槓桿作用者之一哈里森·威廉斯
（Harrison Williams，編註：1873～1953，美國企業家及投資
家）被證管會認為在1929年對聯合的投資信託與控股公司
體系有相當的影響力，足以影響將近10億美元左右的市
場。[17] 一開始他只是擁有中央州際電力公司（Central States
Electric Corporation）的股票——在1921年只值約600萬
美元。[18] 美國創業集團驚人成長的另一個主要因素也是槓桿
作用。這個有名的投資信託家族於1921年成立，最初的
贊助人因為破產，所以無法把公司的營運帶上軌道。然而
第二年有一個朋友贊助了500美元，就是靠這些資金創立

17　它其中有一部分是屬於高盛公司的訊息很快就曝光了。控股公司
　　與投資公司的差異很模糊，前者對一般公司（或是另一家控股公
　　司）的營運有所投資與管控；而投資信託或投資公司則是有投資
　　但被認為毫無掌控權。金字塔型結構的控股公司，與其伴隨而來
　　的財務槓桿作用都是當代的一種特色。

18　*Investment Trusts and Investment Companies*, Pt. III, Ch. 1, pp. 5, 6.

了第二家信託公司，而由這兩家公司開始營運。當時民眾的接受度很高，到了1927年這兩家創始公司與後來成立的第三家公司，賣出了價值7,000萬到8,000萬美元的股票給民眾。[19]但這也只是開始；1928年至1929年，創業集團的營運出現爆炸性的成長，民眾瘋狂搶進他們公司發行的股票。新的公司不斷成立，加入銷售股票的行列，一直到1929年底，集團裡共有13家公司。

　　當時集團內最大的聯合創業公司，其總資本額有686,165,000美元。該集團總資本的市價超過10億美元，這是當初只用500美元所創立的公司，其能產生的最大資產。在10億美元之中，有3億2,000萬美元是由集團內部的公司所持有的──在集團內投資設立的另一家公司，持有其他公司的股票。這種在財務上的近親繁衍是控制集團的運作和操縱槓桿作用的工具。多虧公司持有另一家公司的連鎖效應，1928年與1929年股價的上漲全集中在普通股。

　　槓桿作用的發展時間比較晚，但是會有兩種發展方向。並不是由創業集團所持有的全部股票就會一直無限上漲，更別說能抵擋不景氣的影響。幾年之後，有一個投資組合被發現其中包含克魯格和托爾（Kreuger and Toll）5,000股，科洛產品公司（Kolo Products Corporation，一

19 *Ibid.*, Pt. I, pp. 98-100.

家風險甚高的新公司,用香蕉油製成肥皂)20,000股,另外還投資295,000美元在南斯拉夫王國(the Kindom of Yugoslavia)的債券上。[20]當克魯格和托爾的股票變成壁紙,槓桿同樣也發揮作用——在相反方向上,如同等比級數那樣的劇烈。但是在1929年初,槓桿作用這個層面的數學效應仍未被揭露出來,當時所有投資公司中最戲劇性的要屬高盛公司(Goldman, Sachs)。

7

高盛是一家投資銀行兼營經紀業的公司,在投資信託業界成立的時間較晚。一直到1928年12月4日,也就是離股市崩盤不到一年的時間,它設立高盛貿易公司,以做為冒險的起點。然而在歷史上,如果有的話,也很少有公司能像高盛貿易和它的子公司一樣,在未來的幾個月中迅速成長。

貿易公司初期發行的股票有100萬股,全數以每股100美元,總額1億美元由高盛買下。然後其中的90%,以每股104美元賣給民眾。其中並沒有債券也沒有優先股。高盛當時還不懂得運用槓桿作用,對高盛貿易的控制仍然透

20 Reis, *op. cit.*, p. 124.

過管理合約的簽訂和參與高盛貿易的董事會進行管理。[21]

在它成立後的兩個月，新公司又賣了一些股票給民眾。到了2月21日，它又與另一家「金融與工業證券」投資信託公司（the Financial and Industrial Securities Corporation）合併。新成立的公司資產估計有2億3,500萬美元，在三個月之內便有超過100%的收益。到了2月2日，大約在購併之前三個星期，原本投資人以104美元購買的股票已上漲到136.50美元。五天之後，2月7日更爬升到222.50美元。這個數字幾乎是高盛貿易擁有的股票、現金和其他資產總值的兩倍。

這個可觀的漲幅並不是民眾對高盛金融天才們的狂熱所造成的，而是高盛對自己的吹捧。連高盛貿易也買進相當多自家股票。到了3月14日它已經買下560,724股自家股票，總額57,021,936美元，[22]這樣一來更大幅推升自己的股價。然而，也許預見投資公司大買自家公司股票的脆弱特質，3月份高盛貿易停止買進自家股票，然後把一部分股票轉賣給威廉·可瑞波·杜倫，後者在適當的時候再轉賣給民眾。

---

21 *Stock Exchange Practices*, Hearings, April-June 1932, Pt. 2, pp. 566, 567.

22 詳細資料請見*Investment Trusts and Investment Companies*, Pt. III, Ch. 1, pp. 6 ff. and 17 ff.

　　當年的春天與初夏對高盛來說相對較為平靜無波，但卻是一個預備期。到了 7 月 26 日它準備好了。在那一天高盛貿易和哈里森‧威廉斯共同成立仙納度公司（Shenandoah Corporation），是兩家著名投資信託公司的第一家。仙納度原始發行的股票總額是 102,500,000 美元（幾個月之後又發行了一次），據說超額認購達七倍之多。其中有優先與普通股，現在高盛已懂得槓桿作用的優點。在首次公開發行 500 萬股的股票中，200 萬股由高盛貿易買下，另 200 萬股則由代表共同贊助人哈里森‧威廉斯的中央州際電力公司買下。威廉斯是高盛小型董事會裡的成員之一。另一位董事會的成員是有名的紐約律師，他在這件事上缺乏分辨能力，可能是因為年輕人的樂觀天性。他就是約翰‧福斯特‧杜爾斯（John Foster Dulles）。仙納度的股票發行價格為 17.50 美元，由於碰上合適的發行時機，所以交投熱絡。開盤就上漲到 30 美元，高點來到 36 美元，收盤價為 36 美元，或是說超過發行價格 18.5 美元。（到了年底價格是 8 點多美元，後來下挫到 50 幾美分）。

　　同時高盛正準備第二次向湯瑪斯‧傑佛遜（Thomas Jefferson）——小型企業的提倡者——的鄉村居民發動攻勢。這次是更龐大的藍嶺公司（Blue Ridge Corporation），該公司於 8 月 20 日成立。它的資本額有 1 億 4,200 萬美元，其中最有名之處在於，它是由僅創立 25 天的仙納度公司

所贊助成立的。藍嶺和仙納度的董事會成員相通，包括仍然樂觀的杜爾斯先生，以及他手中725萬股的普通股持股（也有發行為數不少的優先股），而仙納度認購的總數為625萬股。高盛公司現在懷著報復的心態操弄股票的槓桿作用。

藍嶺有一個有趣的特色是，它提供投資人擁有新公司優先股與普通股的機會，只要他拿一般的股票來換。持有AT&T（American Telephone and Telegraph Company）股票的人可以用1股AT&T換得$4\frac{70}{715}$股的藍嶺優先股與普通股的股票。同樣的情形也適用於持有聯合化學與染色公司（Allied Chemical and Dye）、聖塔菲（Santa Fe）、伊士曼柯達（Eastman Kodak）、奇異（General Electric）、標準石油（Standard Oil of New Jersey），以及其他15家股票的人。這樣的機會有很多的好處。

到了8月20日，星期二，藍嶺公司的成立之日。那一星期，高盛有更多事情需要完成。星期四，高盛貿易公司宣布收購太平洋美國（Pacific American Associates）。這是一家西岸的投資信託公司，最近也併購了幾家較小型的投資信託公司，同時還擁有美國信託公司（American Trust Company，一家大型商業銀行，其分支遍布加州各地）。太平洋美國公司的資本額大約有1億美元。為了準備進行購併，高盛貿易又發行了71,400,000美元的股票，用來和

太平洋美國換股──它們持有美國信託公司99%的普通股
股權。[23]

　　在不到一個月之內發行2.5億美元的股票──這對當
時的美國財政部而言，顯然不是可以忽視的交易，於是高
盛的動作有些收斂。在這段期間內，高盛的成員並不是唯
一在忙碌的人。那年的8月和9月，業內過著慘澹的日子，
沒有新的信託公司成立，也沒公司發行大量新的股票。於
是，8月1日，報紙報導英美證券公司（Anglo-American
Shares, Inc.）成立，這是一家董事會陣容在德拉瓦州
（Delaware）不大多見的公司。董事之中有榮獲十字勛章騎
士及維多利亞大十字勛章的凱瑞斯布魯克侯爵（Marquess
of Carisbrooke）以及曾獲得空軍十字勛章、出任英國皇
家航空學會會長的森皮爾上校（Master of Sempill）。美國
保險證券公司（American Insuranstocks Corporation）於同
一天成立，而且自認有威廉·吉伯斯·麥卡杜（William
Gibbs McAdoo，編註：1863～1941，曾任律師、美國參議
員、財政部長，也是美國鐵路局局長）當董事的金字招牌。
接下來有古德·溫米爾貿易公司（Gude Winmill Trading

23　有關仙納度、藍嶺和太平洋美國合併的詳情，並非引自當時
　　的《紐約時報》，而是引自《投資信託與投資公司》（*Investment
　　Trusts and Investment Companies*）Pt. III, Ch. I, pp. 5-7。

Corporation）、國家共和投資信託公司（National Republic Investment Trust）、英薩爾公用事業投資公司（Insull Utility Investments, Inc.）、國際貨運公司（International Carriers, Ltd.）、三陸聯合公司（Tri Continental Allied Corporation），以及索爾維美國投資公司（Solvay American Investment Corporation）相繼出現。到了8月13日，報紙刊載美國聯邦助理檢察官到訪「大都會財務公司」（Cosmopolitan Fiscal Corporation）及「財務顧問」（Financial Counselor）兩家公司的辦公室。當時，這兩家公司的負責人都不在，而「財務顧問」的辦公室裝設了窺視孔，好像地下酒吧的配備。

1929年9月，投資信託公司發行了比8月更多的股票，總額超過6億美元。[24]然而，幾乎同時發行的仙納度和藍嶺的股票，象徵新金融時代的頂點。要人不驚嘆於這隱含在巨大精神錯亂中的想像是很難的。如果提到它瘋狂的程度，可以算是到達神勇的等級。

多年之後，在華盛頓某一天灰濛濛的破曉時分，美國參議院的委員會出現了以下內容的談話：[25]

---

24 E. H. H. Simmons, *The Principal Causes of the Stock Market Crisis of Nineteen Twenty-Nine* (address issued in pamphlet form by the New York Stock Exchange, January 1930), p. 16.

25 *Stock Exchange Practices, Hearings*, April-June 1932, Pt. 2, pp. 566-67.

卡曾斯（Couzens）議員：高盛公司成立了高盛貿易是
　　　　　　　　　嗎？

薩克斯（Sachs）先生：是的，先生。

卡曾斯議員：而且它把它的股票賣給民眾？

薩克斯先生：一部分。公司原本投資 10,000,000 美元，
　　　　　　占發行股數的 10%。

卡曾斯議員：而其他 90% 賣給民眾？

薩克斯先生：是的，先生。

卡曾斯議員：以多少價格賣出？

薩克斯先生：104 美元。那是原始股票的價格……股票
　　　　　　後來一分為二。

卡曾斯議員：那麼股價現在是多少？

薩克斯先生：大約只剩 1¾ 美元。

第4章

幻想的暮光

　　那一年夏天，華爾街的腳步並沒有停歇。由史上最熱烈的投資信託風潮，引發市場最瘋狂的追逐。市場價格每天不斷上漲，幾乎從未下跌。6月時《紐約時報》工業指數上漲52點，到了7月又上漲25點，兩個月中一共上漲77點。在1928年這值得注意的一整年也只上漲86.5點。8月又上漲33點，三個月內共上漲110點。從5月底的339點上漲到8月底的449點，表示整個夏季上漲了將近一季。

　　個別公司股票的表現也很亮眼。在夏天的三個月中，西屋公司從151美元上漲到286美元，上漲135美元。奇異公司從268美元上漲到391美元。美國鋼鐵從165美元上漲到258美元。即便如行情疲弱的AT&T也都從209美元漲到303美元。投資信託公司大賺了一筆。聯合創業（United Founders）由36美元漲到68美元；艾力根尼從33美元漲到56美元。

　　而股票的成交量也一直高居不下。紐約證券交易所時常是在400萬至500萬股之間，偶而才會低於300萬股。然而，在紐約證券交易所的交易量不再是投機買賣的指標。許多新上市且令人興奮的股票——仙納度、藍嶺、潘若德（Pennroad）、英薩爾——都不在此上市。當時紐約證券交易所並不是勢利、愛打聽或讓人難以忍受的機構，大部分受歡迎的公司都可以讓他們順利掛牌。然而，有一些人發現一個更好的方法，因為有更多人不願提供交易所需要

的基本訊息。因此，新的股票在場外股票市場或波士頓，或是其他城外的交易所進行買賣。雖然在紐約證券交易所買賣的成交量超越其他所有市場的總和，但是它的地位受到挑戰。（在1929年它占所有交易量的61%；三年後，當大部分新的信託已經永遠在市場上消失時，它占總交易量的76%。）[1] 接著在1929年夏天，像夢遊一樣不穩定的波士頓、舊金山、甚至是辛辛那提（Cincinnati）的交易所也有十分熱絡的交易市場。他們不願意充當華爾街微弱的倒影，因此堅持走屬於自己的路。在這些地方交易的股票是無法在紐約掛牌的，而且其中有一些還有獨特的投機性。到了1929年，假如一個城市還不曉得自己是否該有一個股票交易市場，則它必定是一個窮困、缺乏公民意識的可悲城市。

除了股票的價格上漲，以同樣驚人的速度上漲的還有投機交易。經紀人的貸款在夏季增加的速度是每個月4億美元。到了季末，總額超過70億美元。其中有一半以上是由國內外的公司與個人所提供，因為紐約的金融機構可以提供較高的報酬。那個夏天只有在同業拆款市場曾經低到6%，正常的範圍是7～12%，有一度曾高達15%。如稍早所觀察的，這些放款還相當安全、流動性佳，且易於管理，

1　估計數字來自 *Stock Exchange Practices*, Report (Washington, 1934), p. 8.

所以對孟買（Bombay）的高利貸業者而言，這樣的利息還
是很有魅力的。但對一些驚慌失措的觀察者來說，華爾街
好像要吞食全世界的所有資金。然而夏天過去了，市場上
的言論符合美國文化的習性，那些穩健與有責任的發言人，
不去責難經紀人放款的增加，反而怪罪那些堅持強調這種
趨勢有其重要性的人。命運的先知已經展開尖銳的批評。

有關經紀人放款的情形有兩個來源。一個是在本書裡
普遍被引用的紐約證券交易所每個月的報表，另一個是美
國聯準系統每週公布、較不完整的報告。每個星期五由這
份報告顯示出放款額度大幅增加；它堅定地認為不必大驚
小怪，如果有人以其他方式提出忠告，都會受到嚴厲的譴
責。市場上似乎只有少數人使用信用交易，進行投機的買
賣。因此，對這些放款的憂心容易被視為無端傷害民眾的
信心。於是，在7月8日的《巴隆》（Barron's）金融週刊
中，謝爾頓‧辛克萊‧威爾斯（Sheldon Sinclair Wells）辯
解，那些擔心經紀人的放款，以及公司資金匯集的人，只
是不清楚狀況。短期的同業拆款市場已經變成公司資金一
個相當好的新投資管道。評論家並不認同這種改變。

國家城市銀行的總裁米契爾，一位天生平和的人，卻
也因其對經紀人放款的額度一再成為焦點而經常發怒，於

是強烈表達自己的意見。財經報導也受到干擾，當後來亞瑟‧布里斯本（Arthur Brisbane）對10%的同業拆款利率是否適當提出質疑時，《華爾街日報》終於按捺不住了：「在一般的報紙上討論事情，都會需要一些精準的專業知識。為什麼不學無術的人可以討論華爾街的種種？」[2]（很可能布里斯本認為利率是日息10%，而非年息10%。）

學者同樣也反對那些故意或是以其他方式，任由自己草率的悲觀論調攻擊景氣的前景。在經過理智的評估之後，戴斯（Dice）教授的結論是，經紀人高額的放款不應該讓民眾害怕到某些人希望的程度。[3] 8月克利夫蘭（Cleveland）的米特蘭銀行（Midland Bank）公布一份報告，在經過詳細的計算之後，認為除非來自公司資金的放款達到120億美元，否則沒有擔心的必要。[4]

關於經紀人的放款，讓人安心的最好方法是對市場前景的看法。如果股票一直上漲，且其價格仍有很好的展望，那麼就沒有必要擔心放款的額度不斷增加。因此，替放款辯護的人主要都是以股市的前景為籌碼。要說服人們相信股市是健康的，其實並不難。就像往常一樣，在這種

2　*The Wall Street Journal*, September 19, 1929.

3　*New Levels in the Stock Market*, p. 183.

4　*New York Times*, August 2, 1929.

時候他們為了掩蓋質疑的聲音，常常發表滿懷信心的看法。

　　1929年「叛逆」尚未變成責難的常用名詞。因此，悲觀主義尚未等同於摧毀美國人生活方式的手段；然而它開始有了這樣的意味。幾乎毫無例外地，那些表達憂心的人後來都說他們內心有著恐懼與不安。（在當年稍晚，一家波士頓投資顧問公司以一種廣為人知的警告語氣說，美國容不下「破壞主義者」。）

　　公開的樂觀主義者人數眾多，而且發言鏗鏘有力。在6月《美國雜誌》[5]上一篇著名的訪談中，伯納德‧巴魯克（Bernard Baruch）告訴布魯斯‧巴頓（Bruce Barton）：「世界的經濟情勢似乎正在準備向前大躍進。」他指出在第五大街上並沒有出現熊市。許多大學教授也表達出經過科學驗證的信心。根據後來的發展所顯示，長春藤盟校的紀錄尤其不幸。在一個比較不那麼惡名昭彰的言論中，普林斯頓的勞倫斯教授說：「根據百萬以上股民判斷力的共識，他們在這可欽佩的市場（證券交易所）中發揮他們的評估能力，現階段的股價並沒有被高估。」他補充道，「那些博學到足以否決這群人的智慧的人在哪裡？」[6]

5　*The American Magazine*, June 1929.

6　*Wall Street and Washington*, p. 179.《紐約時報》後來引述這些看法，之後又再被複製傳播下去。

那年秋天，耶魯大學的歐文・費雪教授發表他不朽的評論：「股價已經爬升到看似永久的高原上。」他是美國最具有獨創性的經濟學家；幸好他還有其他的表現——對指數、技術經濟理論，以及貨幣理論的貢獻，讓他仍然值得後人懷念。

在劍橋方面，較不具有撫慰人心的言論來自於哈佛經濟學會（Harvard Economic Society），這是一個學術性組織，由一群無懈可擊的保守派經濟學教授組成；其目標是幫助企業人士和投機客預估未來的情勢，一個月內要提出幾次預測。毫無疑問地，因為有大學威嚴的形象，所以享有崇高的地位。

無論出自智慧或運氣，該協會在1929年早期對市場的預測略為悲觀，成員恰巧預測到將有的那個蕭條尚未來到（雖然保證不是蕭條）。一星期接著一星期，他們預估商業上會有一些衰退。到了1929年夏天，衰退最起碼還沒有任何蛛絲馬跡，於是協會放棄這樣的見解，然後承認自己的錯誤。它判定企業的展望仍然不錯。在這類的判斷下，經濟前景仍然有可信的紀錄，不過後來出現崩盤。當時協會仍然相信未來不會有嚴重的不景氣。11月時它肯定地說，「像1920～1921年那樣嚴重的不景氣是不可能出現的。我們沒有面臨延長的清算期。」該協會一直重複這樣的看法，直到它被清算為止。

3

　　銀行家也是那些願意相信景氣永遠會持續下去的人獲
得激勵的來源。有許多人拋棄了他們歷史性的角色——
做為警示國家財政的守護者，寧願享有短暫的樂觀主義。
他們這麼做是有理由的。在之前的幾年中，有相當多的
商業銀行，包括紐約最大的銀行，都已成立證券相關的分
支機構，把股票和債券賣給民眾。於是這一行開始變得很
重要，這是一個需要對未來有樂觀看法的行業。此外，個
別的銀行也許從紐約的國家城市銀行與大通銀行（Chase
National Band）獲得暗示，積極為自己發展投資業務。他
們不太可能發表，更不要說贊成任何會妨礙市場發展的言
論。

　　然而，還是會有例外。其中之一是國際承兌銀行
（International Acceptance Bank）的保羅·華伯格（Paul M.
Warburg），他的預測可與歐文·費雪的預測齊名。他們都
有傑出的預言能力。在1929年的3月，他呼籲美國聯準會
要採取更有力的政策，並且認為如果「不立即抑制當時的
投機交易」，最後會演變成一場災難性的崩盤，不僅是投
機客的不幸，更會「導致危及全國的大蕭條」。[7]

7　*The Commercial and Financial Chronicle*, March 9, 1929, p. 1444.

　　只有最寬容對待華伯格的華爾街發言人，才滿足於指稱他的觀點陳腐過時。有人說他正在「阻止美國的繁榮」。其他的人則暗示他私底下有一種動機──可能想要放空。當市場不斷上漲的時候，他的警告只被人不屑地晾在一邊。[8]

　　當時最有名的懷疑論者反而是新聞媒體，當然他們是極少數的一群人。1929年大部分的報章雜誌，都以豔羨和崇敬的語氣報導股市的狂飆，很少人會提出警訊。他們都認為現在和未來會持續繁榮下去。此外，1929年有許多新聞記者還極力抗拒撰寫微妙的哄騙和奉承，因為會被人懷疑。因此他們針對提供對股市有利的新聞，要求現金的回饋。有一位《每日新聞》（*Daily News*）的財經專欄作家，署名「交易商」，在1929年和1930年早期，收到一位名叫約翰・勒文森（John J. Levenson）的自由經紀人寄來的19,000美元。「交易商」不斷替勒文森感興趣的股票說好話，然而，勒文森先生之後認為，這只是一個巧合，而這些款項只反映出他多少有一點慷慨的習慣。[9]有一位名叫威廉・麥克馬洪（William J. McMahon）的廣播評論員，

8　Alexander Dana Noyes, *The Market Place* (Boston: Little, Brown, 1938), p. 324.

9　*Stock Exchange Practices*, Hearings, April-June 1932, Pt. 2, pp. 601 ff.

是麥克馬洪經濟研究機構的主席，這是一個大部分由他掌控的組織。他在廣播中宣稱股市未來有耀眼的展望，吸引操作員極力吹捧。後來，他固定每星期收到一位自稱是大衛・萊昂（David M. Lion）[10]先生250美元的謝禮。根據派克拉委員會（Pecora Committee）的報導，萊昂先生是靠著在適當的時候買進有益的評論為生。

　　而另一個極端是最好的財經刊物。有名的金融服務業，如普爾（Poor's）和標準統計公司（Standard Statistics Company）從來不會與現實脫節。在秋季，《普爾商業週刊和投資通訊》（*Weekly Business and Investment Letter*）甚至形容股市為「普通股的黃粱一夢」。[11]《商業金融時報》（*The Commercial and Financial Chronicle*）的編輯從來不懷疑華爾街已經失去理智。週報經常針對經紀人的放款提出嚴重警告；新聞報導從來不放過任何壞消息。然而，截至目前為止，理智的最大力量來自於《紐約時報》。在老手亞歷山大・戴納・諾易斯（Alexander Dana Noyes）的帶領之下，它的財經報導幾乎對新時代的甜言蜜語免疫。一般讀者並不懷疑，算總帳的日子總是會來的。同時，在一些報導上，它似乎太貿然地宣稱算總帳的日子已經到了。

10　*Ibid.*, p. 676 ff.

11　Quoted by Allen, *Only Yesterday*, p. 322.

　　的確，在大崩盤之前，市場暫時的下跌對那些排斥景氣幻象的人是一次嚴峻的考驗。1928年的初期、6月、12月與1929年的2月與3月，景氣似乎已經結束。在這些情況下，《紐約時報》很高興地報導現實回來了。然而，市場又再一次起飛。只有長久意識到噩運就在眼前才能熬過這樣的沮喪。當樂觀主義者歡呼收割敗象的時候，喪鐘敲響了。但是長久以來，那些抵抗哄騙的人也同樣地（如果不算永久地）失去他的信譽。比如說《紐約時報》，當真正的大崩盤來臨時，高興地報導此事會顯得很誇張。然而，它也絕對不會以悲傷的態度報導此事。

4

　　到了1929年的夏天，市場不只主宰了新聞，也支配了文化。這極少數的一群，在以往只對聖托馬斯・阿奎納（Saint Thomas Aquinas，編註：中世紀哲學家和神學家）、普魯斯特（Proust）、心理分析與身心失調劑有興趣的人，現在也開始談到聯合公司（United Corporation）、聯合創業，以及美國鋼鐵。只有最古怪的人依舊維持他們對市場的冷漠、對自我暗示或共產主義的興趣。大街上總是有一個可以侃侃而談股票買賣的市民，現在他成了報明牌的中心。在紐約任何重要而有趣的聚會中，總有一些具文化修養、懂得基金、聯盟、併購和投資機會的經紀人或投資顧

問參與。他會提供朋友投資建議，且在要求下會告知市場的動態和他不知道的部分。現在這些人即使有藝術家、劇作家、詩人、美麗的情婦相伴，突然擁有耀人的光環。他們所說的話，多少就字面來看，都變成了黃金。他們的聽眾並不是以收集可引用名言的心力在聆聽，而是以癡迷的態度，想藉由他們所聽到的消息大賺一筆。

要看清當時許多在市場上反覆談論的內容與現實無關，這一點是很重要的，但卻沒有引起重視。人與人之間存在著一種交談型式，並非倚賴已知或無知，而是倚賴無法對未知事物提供解答而進行。這種情形適用於許多股市上的言談。在斯克蘭頓（Scranton）市中心的午餐會上，博學的醫師談到西方公用事業投資公司（Western Utility Investors）的股票即將分割，及其對價格的影響。醫生和聽眾都不知道股票分割的理由，為什麼要增加它的價值，甚至也不知道西方公用事業投資公司為什麼有任何價值；但是醫生和聽眾都不知道，其實他們自己並不曉得這個問題的存在。智慧通常是一種抽象的概念，與事實或現實無關，反而與聲稱擁有它的人及當事人的態度有關。

也許這種無法看見自身無知的程度尤其適合形容女性投資人，而她們正大量進入市場。（4月號的《北美評論》報導，女人已經成為「最令男人興奮的資本主義遊戲」的重要玩家，而現代主婦「閱讀的是，舉例來說，萊特航空

股價的上漲⋯⋯就好像她發現有鮮魚上市一樣。」作者大
膽假設，投機之所以興盛，有大部分原因是女性的投入。）
對典型的女性投資人而言，美國鋼鐵讓她們聯想到的不
是一家公司，當然也不是礦場、船隻、鐵路、鼓風爐和平
爐，而是收報機紙條上的蛛絲馬跡、圖表上的線條和上漲
的價格。當她提及美國鋼鐵時，就好像談到了自己的一位
老友，但事實上她對美國鋼鐵一無所知，也沒有任何人會
告訴她，其實她並不知道自己的無知。我們是有禮貌且行
事謹慎的民族，我們會避開任何不愉快的場面。況且，這
樣的勸告既不能達成任何的結果，反而只會使任何缺乏勇
氣、行動力和老練去注意別人如何輕鬆致富的人萌生恥
辱。女性投資人發現她可以致富。當然，她致富的權利和
任何人是一樣的。

　　女性的優點之一，便是她們的動機雖與男人相似，卻
較不刻意掩飾。

　　如果一個社會的價值完全建立在賺錢致富上，這樣的
社會無法讓人安心。夏天時，《紐約時報》刊登了一家經
手買賣國家水廠（National Waterworks Corporation）股票
交易商的廣告腳本，這是一家準備買下都市水公司的公
司。廣告傳達了貪婪的想法：「今日請想像這個畫面，如
果來了一次大災難，只有一小口井留給紐約市——一桶1
美元、100美元、1,000美元、1,000,000美元。擁有水井的

人將會擁有整座城市的財富。」滿心以為會有大災難的投資人，無不趕忙搶進公司的股票，以免買不到了。

5

1929 年夏天，美國人對股票的狂熱是無庸置疑的。市場上有各式各樣不同種類、不同身分的人參與其中。佛利德瑞克‧路易斯‧艾倫（Frederick Lewis Allen）曾以一段優美的文字，描述其中多樣化的情形。

> 有錢人的司機邊開車邊拉長了耳朵，想聽伯利恆鋼鐵（Bethlehem Steel）公司最新的發展，他以 20 點的保證金買了 50 股的股票。經紀人辦公室的櫥窗清潔工停下來看股票行情表，想把他辛苦賺到的錢買一些席夢思（Simmons）公司的股票。艾德溫‧勒菲佛（Edwin Lefèvre，一位能說善道的股市評論家，當時堪稱能提供相當多個人經驗）提到，經紀人的一名僕人賺了將近 25 萬美元，還有一位老練的護士聽進前來感恩病人的建議，大賺了 3 萬美元。另有懷俄明州（Wyoming）的一位養牛業者，距離最近的鐵道有 30 英哩，一天買賣 1,000 股。[12]

---

12 *Only Yesterday*, p. 315.

　　然而，高估大眾對市場的興趣要比低估更加危險。
1929年，聲稱每個人「都在市場中」，其實離事實甚遠。
那時就像現在一樣，對大多數的工人、農民、白領階級
（亦即大部分的美國人）而言，股票市場是一個遙遠而隱
含著凶險的場所。那時和現在相同，沒有多少人知道如何
買進一張股票；對於利用保證金購買股票的方式，無論從
任何方面來看，都像蒙地卡羅的賭場那般遙不可及。

　　在往後的幾年中，參議院的委員會開始調查，在
1929年的證券市場裡，究竟有多少人參與股票的投機買
賣。29家交易所曾經統計當年有1,548,707人開戶（其中
有1,371,920人是在紐約證券交易所轄下的交易所買賣股
票）。因此在1億2,000萬的人口和3,000萬個家庭中，大約
有150萬人積極參與股票市場。但是並不是所有的人都是
投機客。根據證券商為參議院委員會所作的估計，在上述
帳戶中，大約只有60萬個保證金交易帳戶，而有95萬個
現金交易帳戶。

　　60萬個保證金交易的人當中，也有一些重複開戶的
人，有一些大戶會在不同的經紀人處開戶。也有一些股民
的交易很少。然而，有一些投機客也包括在95萬名以現金
交易的客戶之中。這些人之中，有些交易者雖然沒有進行
投機，但卻大肆哄抬其持有股票的買入價格。有些人則是
場外借錢買股，然後把股票當成抵押品。他們雖被列為以

現金交易的客戶，實際上卻是用保證金買股票。然而，我們可以肯定的是，在1929年股市高點時，活躍的投機者人數要少於（而且可能大大少於）100萬人。在1928年底至1929年7月底之間，根據當時的傳說，美國人像旅鼠一樣搶進股票市場，但全國交易所的融資戶頭大約只增加5萬戶。[13]1929年股票市場投機交易引入側目的不是人數的多寡，而是它成為美國文化的核心思想。

6

1929年夏末，經紀人的公報及通訊不再滿足於只是通報有哪些股票會上漲及上漲幅度。他們開始精準地預報，無線電或通用汽車的股票在下午兩點的時候可以買進。[14]大家相信股市已經成為神祕而且無所不能的人士可以操弄的個人工具，這種信念從來沒有這麼強烈過。的確，這是一個積極合股投資與企業聯合極為活躍的時期。簡而言之，就是聯合操弄。在1929年，紐約證券交易所爆發了一百件以上的人為操縱事件，均由交易所的成員或是他們的合夥人所為。這些操弄的性質雖然多少有些不同，但是在典型的案例中，有一些投資人會聚集資金以哄抬特定的股票。

---

13 *Stock Exchange Practices*, Report, 1934, pp. 9, 10.

14 Noyes, *op. cit.*, p. 328.

　　首先他們會指派一位共同資金經理人，互相許諾不會藉由私下的操作彼此欺騙，然後經理人開始買進股票，其中可能包括買入參與投資者的股票。這樣的買氣會提高股價，進而吸引全國關注股市的人的興趣。熱絡的交易氣氛更進一步提振後者的興趣，這一切都給人一個印象，彷彿有一波大行情正在發酵。內線消息和分析師會談到未來令人興奮的行情。如果事情發展順利，民眾就會進場買股票，股價就開始上漲。這時經理人就會獲利了結賣出股票，將利潤的一定百分比當作自己的酬勞，而將其餘的獲利分給其他的投資人。[15]

　　如果這種情形能夠持續下去的話，那就絕對沒有比這更能輕鬆賺到錢的方法了。民眾普遍都能感覺到這種買賣的魅力。隨著夏季的結束，有人猜想華爾街不會與此毫無關係。這樣的想法多少有些誇張，但是它的確沒有在市場上阻擋大眾的買賣。民眾不相信他們被剝削，而的確他們也沒有被剝削。他們和經理人都靠著買賣的價差賺取利潤，只是後者賺得更多。無論如何，民眾對內線交易的反應倒是希望自己也能得到一些消息，如此就能像卡登（Arthur Cutten）、李佛摩（Jesse Livermore，編註：1877～1940，美國知名股票作手）、拉斯科布這些能人一樣，好好

15　*Stock Exchange Practices*, Report, 1934, p. 30 ff.

賺上一筆。

當股市越來越不被當成公司未來展望的指標，而被視為操縱的競技場時，投機客就需要付出最嚴密、最好是全神的注意。若要在最初期就能發現股價被哄抬的跡象，這就表示他必須時時刻刻盯著行情表。然而，甚至連僅憑預感、咒語或簡單信念，與眾不同、不刻意去研究專業人士意圖的人，都會發現自己很難擺脫股市的影響。很少有人能成功把投機買賣當成兼職的工作。金錢對大多數人來說實在是太重要了。由南海泡沫的投機事件中可以觀察到，「政治家忘記自己的政策；律師忘記法庭；商人忘記買賣；醫生忘記病人；店主忘記商店；守信的債務人忘記債主；牧師忘記講壇；女人甚至忘記自尊與虛榮！」[16]1929年也是同樣的情形。「從早上10點到下午3點，經紀人的辦公室裡擠滿了或坐或站的客戶，他們放下手中的工作，眼睛直盯著行情表。」在一些「貴賓室」中，要擠到可以看見行情表的地方都很困難，沒有人可以查閱自動收報機上的行情。[17]

所以即使短暫與市場脫節也是非常令人不安的經驗。

---

16 Viscount Erleigh, *The South Sea Bubble* (New York: Putnam, 1933), p. 11.

17 Noyes, *op. cit.*, p. 328.

所幸這種情形不常發生，行情自動收報機已經在全國各地
設置；在任何地方只要在當地打一通電話就可以得到最新
的行情。到歐洲旅行是少數麻煩的狀況。如《文學文摘》
（*The Literary Digest*）在1929年夏天指出，「越洋經紀業務
蓬勃發展；但是正在海上的投機客卻要忍受偶而出現的不
確定與不便。」[18]到了8月，這樣的問題也解決了。一家積
極發展業務的證券商──由米漢（M. J. Meehan）領導，
他是無線電股專業經紀人，同時也是許多有名操縱案的老
手──依據證券交易所制定的特別規則，在巨輪上設立了
分支機構。8月17日，海獸號（Leviathan）與法蘭西島號
（Ile de France）駛離港口，準備在海上進行投機買賣。在
法蘭西島號上的交易，據說，開張第一天就生意興隆。在
第一批交易之中，有一筆是由艾文‧柏林（Irving Berlin）
做成的，他以每股72美元賣出派拉蒙影業（Paramount-
Famous-Lasky）1,000股的股票。（這可是聰明的做法。該
公司的股價後來接近一文不值，最後宣告破產。）

在史波坎市（Spokane），一位匿名的詩人以《發言人
評論》（*Spokesman-Review*）雜誌編輯的名義，寫了一首詩
慶賀海上交易所的開張：

18　*The Literary Digest*, August 31, 1929.

我們擠在狹小的船艙裡，

看著行情表上的數字；

午夜的海上，

暴風雨正肆虐，波濤洶湧。

……

「我們虧大啦！」船長喊道，

他正跟蹌地步下階梯。

「我有一個內線消息，」他結巴地說道，

「是無線電報傳來的，

消息來自我一位朋友的姑媽，

他是杜倫的表兄弟。」

聽到這個可怕的訊息，我們嚇得渾身顫抖。

就算最健壯的牛，也會不支倒地。

而經紀人卻還在叫著，「追繳保證金（more margin）！」

行情表已經停止跳動。

但是船長的小女兒

說：「我不明白──

海上的摩根（Morgan）

難道與陸上的不一樣？」[19]

---

19 引用自 *The Literary Digest*, August 31, 1929.

7

　1929年9月2日是勞工節，傳統上夏季在這天結束。不過當天吹起了一陣熱浪，晚上開車度假回家的人塞滿了離紐約幾英哩的路上。到了最後，許多人不得不棄車，改搭火車或是地鐵回家。9月3日紐約還是一樣悶熱，根據氣象局的報導，當日是該年最熱的一天。

　遠離了華爾街，在當時非常靜謐的時期中，這是個相當平靜的日子。幾年以後，佛利德瑞克・路易斯・艾倫就是在這一天去了報界，而且在一篇很有意思的文章中告訴我們他所有的發現。[20]其實也沒有很多。他談到裁軍的時候，政府散漫的態度無疑將毀了我們。齊柏林伯爵號（The Graf Zeppelin）第一次環球之行接近尾聲。有一座隸屬於洲際航空公司（Transcontinental Air Transport）的三引擎飛機，在暴風雨中墜毀於新墨西哥，機上有八個人罹難。（最近該公司剛剛開闢飛往西海岸的48小時聯運服務——先搭火車臥鋪到俄亥俄州的哥倫布（Columbus），然後改乘飛機到奧克拉荷馬州的維諾卡（Waynoka），再轉搭火車臥鋪到新墨西哥州的克洛維斯（Clovis），最後搭乘飛機完成剩下的行程。）貝比・魯斯（Babe Ruth）截至目

---

20 "One Day in History," *Harper's Magazine*, November 1937.

前為止，在本季中已打出了40支全壘打。《西線無戰事》（*All Quiet on the Western Front*）的暢銷書排名超過了《多茲華斯》（*Dodsworth*）。華盛頓方面宣布，因為在茶壺頂（Teapot Dome）醜聞案調查期間蔑視參議院，而被監禁在哥倫比亞特區監獄的哈利・辛克萊（Harry F. Sinclair），其行動需要接受更嚴格的管制。原先，他每天開車去獄中醫生的辦公室，擔任醫生的「藥劑師助理」。當年早些時候，辛克萊的股票交易金額龐大，後來成了被調查的主要目標。而沒有跡象顯示，辛克萊在華盛頓逗留的期間，是否中斷大筆金額的交易，這似乎是不可能發生的狀況。辛克萊可以算是他們這一代中最有謀略與最具韌性的企業家之一。

9月3日，紐約證券交易所的成交量達到了4,438,910股；短期同業拆款利息一天為9％；優等商業票據的承兌利率是6.5%；而紐約聯邦儲備銀行的重貼現率是6％。以市場人士的用語來說，就是前景看好。

AT&T的股價當天漲到了304美元。美國鋼鐵公司的股價達到262美元；奇異的股價是396美元；J. I. Case的股價為350美元；紐約中央（New York Central）的股價為256美元；美國無線電公司（Radio Corporation of America）經過之前的股票分割，但未分配任何股利下，股價仍有505美元。根據聯準會的統計，經紀人的放款在降低管制

之後，一週之內又大幅增加了1.37億美元。紐約的各家銀行也大舉向聯準銀行貸款，以支應投機的業務——一星期的貸款增加了6,400萬美元。到了8月份，由國外流入紐約的黃金總額仍居高不下，而新的一個月份似乎前景依舊看好。有一些跡象顯示，人們對市場仍然很有信心。

9月3日，大家一致同意1920年代的大牛市宣告結束。經濟情勢一如往常出現了一些戲劇化的轉捩點。不過情況總是顯得模糊不清，甚至無法確定方向。在之後的幾天——就在這麼幾天當中——有一些平均指數實際上出現了反彈。不過，市場再也沒有展現出往日般的信心。而後來出現的高點已經不是高點，只不過是下跌趨勢裡暫時的反彈。

9月4日，市場的前景仍然看好。9月5日行情發生反轉，《紐約時報》工業指數下跌10點，許多個股跌得更凶。藍籌股還甚堅挺，但是美國鋼鐵從255美元跌到246美元，西屋下跌了7美元，而AT&T下跌了6美元。由於投資者急於拋售，成交量急劇攀升，紐約證券交易所當日的成交量達到5,565,280股。

股市下跌的立即因素很清楚，而且很有意思。羅傑·巴布森（Roger Babson）在9月5日全國商業年會上指出：「股市遲早總會發生崩盤，而且來勢會很凶猛。」他認為，上次發生在佛羅里達的事件，這次會發生在華爾街。而且

他以過去一貫精準的預言紀錄說道，（道瓊）指數很可能會下跌60至80點。在一片噓聲中，他認定：「工廠將會倒閉……工人將會失業……惡性循環將會反覆出現，結果將是嚴重的經濟不景氣。」[21]

他講的話不能使人寬心，但卻出現了這樣的問題：股市為何在突然之間要聽從巴布森的預言？就如許多人競相預測，巴布森先前也曾經多次預測，但都沒有影響股價多少。而且，巴布森並不像歐文・費雪或哈佛經濟學會一樣，能以預言激發大眾的信心。身為教育家、哲學學家、神學家、統計學家、預言家、經濟學家和萬有引力定律的支持者，巴布森被人認為樣樣通樣樣鬆。他據以得出結論的方法被人質疑。這些方法涉及圖表上各式由線條和區間所耍出的花招和圖表的區間。有時包括直覺，甚至就連神祕主義也參上一腳。那些運用理性、客觀和科學方法的人，自然對巴布森感到不安，儘管前者的方法也不能準確預測出股市的崩解。在這些事情上，就像在我們的文化裡一樣，以可敬的方式犯錯總遠勝過因錯誤的原因做對事。

華爾街並沒有因為巴布森的預測而驚慌失措，反而以迅速、嚴厲的口吻對他進行批判。《巴隆》金融週刊在9月9日的一篇社論中，以強烈的諷刺口吻戲稱巴布森是「衛斯

---

21 *The Commercial and Financial Chronicle*, September 7, 1929.

理的聖賢」，還說任何熟悉他過往惡名昭彰錯誤預言的人，都不應該聽信他的話。「霍恩布羅爾和威克斯」（Hornblower and Weeks）證券交易所以嚴厲的語氣告訴自己的客戶說：「我們不會因為一篇由名統計學家針對股市下挫所發表的毫無價值的預言而大肆拋售股票。」[22] 歐文・費雪也同樣持反對意見。他指出股利正在增加，對普通股的疑慮將會降低，且投資信託現在為投資者提供了「廣泛和管理良好的多樣化產品」。他的結論是：「股價也許會出現下跌的情形，但是絕不會發生崩盤這樣的事。」[23] 一家波士頓的投資信託公司，發展出一個略微不同的主題，告訴民眾應該做好股市稍微下降的準備，但是要明白這種情形很快就會過去。該公司在其大型廣告上表明：「當出現暫時性的下跌，就是在**美國繁榮這條一直上升的曲線**出現缺口時，個股，就算是最成功的公司，也會隨著大盤往下掉……」不過，它同樣也為自己說話，「公司型的投資者則會是軟著陸。」

　　就像立刻被人命名為「巴布森反轉」（Babson Break）一樣，某一個星期四它突然來到。星期五，股市重整旗鼓，星期六，維持穩定。投資人似乎戰勝了自己的恐懼，彷彿不斷上升的曲線又將再起，雖然巴布森不同意這樣的

---

22 引用自 *The Wall Street Journal*, September 6, 1929.

23 Edward Angly, *Oh, Yeah!* (New York: Viking, 1931), p. 37.

論點。然後在接下來的一個星期——9月9日的那個星期——股價又開始起伏不定。星期一，《紐約時報》仍以其一貫因過早悲觀而持謹慎的態度，暗示景氣的終點已然來到，並且補充道：「這是一個景氣時代有名的特點，就是行情終究會以一種令人難受的古老方式結束。而這個觀點幾乎很難為人所接受。」星期三，在一篇精湛的市場評論中，《華爾街日報》指出，「昨天主流股票的價格持續顯示出股價因為大幅飆漲後，為了進行技術上的調整，必須暫時休息。」

　　股價的波動仍舊持續下去。有的時候，市場表現強勁；又有的時候，表現疲軟。股價波動的方向仍有些不穩，但是回過頭來看，的確呈現相當明顯的下降趨勢。新的投資信託公司仍然不斷湧現；湧向股市的投機客還是持續增加，而經紀人放款的金額急劇攀升。泡沫破裂的時候已然來臨，但是還沒有為人所發現。

　　也許同樣此景堪憐。如華爾街經常流傳的一句話，生命的最後一刻仍要珍惜。9月2日，《華爾街日報》一如往常刊登表明對當天行情的想法，這次它借用馬克·吐溫（Mark Twain）的句子：

　　請不要放棄幻想；當幻想離你遠去，或許你仍然能夠生存下來，但你將有如行屍走肉般活著。

第 5 章

大崩盤

　　根據大家對當時情勢的看法，1929年的秋天，經濟早已陷入蕭條。6月時，工業指數與工廠的生產均達到最高點，然後開始反轉。到了10月，聯準會工業生產指數由4個月前的126點下滑到117點。鋼鐵的產量從6月份開始一蹶不振；10月，貨車運輸量降低；住屋建築（home building）這個最多變的產業，近幾年來持續低迷，到了1929年更進一步下滑。最後，終於輪到股市的下跌。研究這個時期經濟行為頗有見地的一名學者指出，股市的下跌，「主要反映了工業界早已顯示出的變化。」[1]

　　如此看來，股票市場僅僅是一面鏡子，也許在這種情形下，稍微延後反映了檯面下或是**基本的**經濟形勢。經濟形勢的發展為因，股市的表現則為果；但是絕非反其道而行。1929年，美國的經濟先陷入了泥沼，最終才在華爾街強烈地反照出來。

　　1929年，這種觀點至少有其重要的理由，而且很容易理解它何以成為重要的學說。1929年，華爾街像其他地方一樣，很少人會想到將出現大蕭條。華爾街人士，一如其他地方的人，無不深信「咒語」的魔力。在股市下跌時，華爾街的投資人立刻意識到真正的危險已逼近，個人的收入和就業——經濟繁榮的指標——會受到不利的影響，必

1　Thomas Wilson, *Fluctuations in Income and Employment*, p. 143.

須要立刻加以防範。防範時所要唸的「咒語」，就是延請許多重要的人士，盡量堅定且反覆地重申這種情況不會出現；他們的確做到了。他們解釋股票市場只不過是一種表象，而經濟的真正實質層面在於生產、就業和支出，所有的這些條件還沒有受到影響。當時沒有人確定情形真是如此。「咒語」成了經濟政策的工具，容不下些微的質疑和顧慮。

在蕭條出現後的幾年裡，重要的是，要不斷強調股票市場的角色並不重要。蕭條是一種令人非常不愉快的經驗。在美國人的生活中，華爾街並不是一種值得為人珍惜的象徵。在美國某些信仰虔誠的地區，那些從事股票投機買賣的人甚至被人斥為「賭徒」，他們並不被視為社會裡最偉大的道德表徵。因此，對任何引起股市崩盤的重要原因，都必須非常小心解釋，因為稍一不慎就會給華爾街惹上很大的麻煩。毫無疑問地，華爾街一定會生存下去，但是可能會留下瘡疤。我們應該要清楚了解，沒有人故意圖謀降低華爾街的崩盤對經濟造成的影響。相反地，每一個具有求生本能的人都希望華爾街最好能遠離這些災難，畢竟它已經太脆弱了。

事實上，對1929年秋天及之後的情勢所做任何讓人滿意的解釋，都必須提到投機熱潮及隨後的崩解。1929年9月或10月的時候，經濟衰退的情形還不十分嚴重。我之後

會指出，直到股市出現崩盤，人們還可以合理地認為，股市很快就會反彈，就像1927年或後來1949年出現的反轉一樣，絕對沒人會料到災難會忽然而至。沒有人會預見生產、物價、收入和其他的經濟指標，會在漫長而又悲慘的3年內持續萎縮。只有在股市崩盤之後，才有合理的依據推測經濟將嚴重惡化，而且會持續很長的一段時間。

依前面所述的脈絡可見，股市不會發生崩盤——就如某些人所預測的——因為市場突然意識到一場嚴重的蕭條即將逼近。在股市大跌的時候，蕭條不論是否嚴重，都是無法預見的。指數的滑落仍有可能驚嚇到投機客，導致他們大量出脫持股，而戳破了總有一天會破滅的泡沫；這是很有可能發生的情況。注意經濟指標變化的人也許會受到這些訊息的影響而拋售股票，其他人則會受到懲惠而跟進。這種情況並不十分重要，因為這就是投機的特性，任何風吹草動都會動搖它的進展。任何對信心的嚴重打擊，都會造成投機客提早下車，因為他們總是希望在最後的崩盤前、且在任何上漲的獲利均已收割完成後脫身。他們悲觀的想法會影響那些以為股市只漲不跌、頭腦比較簡單的人。現在，他們也改變了心意，開始拋售。很快地，他們將被要求追加保證金，而另一些人又會被迫出清股票。於是泡沫就這樣破滅了。

除了經濟指標的下降之外，華爾街還把泡沫破裂的

事歸咎於另外兩件事。1929年9月20日，在英國，克來倫斯‧哈特立（Clarence Hatry，編註：1888～1965，他是一位企業創立者、財務家及書商。其公司的倒閉被視為造成1929年大崩盤的原因之一）公司突然倒閉。哈特立是一個不像英格蘭人的奇特人物，英國人對他經常感到十分頭疼，雖然他早年在金融方面的資歷一直很令人放心。哈特立在1920年代曾建立起一個令人印象深刻的工業與金融帝國，其中最引人注目的核心事業就是製造和銷售投幣式自動販賣機和自動照相機。後來，由這些平淡無奇的事業，哈特立進軍投資信託和高度複雜的融資交易。他的發展大多是靠著發行未經許可的股票，而後來資產大幅的增加則是藉由偽造股票憑證和其他同樣非正式的融資手段。根據1929年的傳言，揭露哈特立在倫敦的真面目，會對紐約的信心發出沉重的一擊。[2]

與哈特立的倒閉同時傳言紛飛的另一事件，就是10月11日麻薩諸塞州公用事業部不允許波士頓‧愛迪生公司（Boston Edison）把自己的股票一分為四。就如該公司替自己所辯解的，分割股票在當時是非常流行的操作手法。對波士頓‧愛迪生公司來說，不求進取就有可能倒退回公司的煤氣燈時代；以前並沒有不准分割股票的先例。麻塞

2　哈特立認罪，並在1930年初被判長期監禁。

諸塞州公用事業部則更進一步在傷口上灑鹽，宣布對該公司的借貸利率展開調查，並且指出該公司股票的現值「是因投機而得的」，現在已經到了這樣的地步，「據我們的判斷，沒有人會依據它的收益覺得有買進的理由。」

　　這些是傷人的話。可以想像得到，這些話可能會產生類似將哈特立事件曝光同樣的結果。不過，也可能原本就不穩定的市場會僅僅因為自發性的決定出場而告崩解。9月22日，紐約各家報紙的財經版都以斗大的字體刊登一則提供投資服務的廣告：「牛市逗留時間過久，宣告結束。」這則廣告可以被解讀為：「大多數的投資者在牛市賺了錢，而在後來無可避免的股市修正期，終將會賠上所有的獲利──有的時候甚至還會倒賠。」無論是聯準會的工業指數滑落、哈特立事件的曝光或是麻塞諸塞州公用事業部不正常的掣肘，都不可能激起數十人，然後是數百人，最後是成千上萬的人產生牛市行將結束的顧慮。我們不知道是什麼原因首先引發這些疑慮；不過我們知道，這些引發的原因都不重要。

2

　　信心並不是一下子就瓦解的。如前所述，由9月進入了10月，雖然市場的走勢一般來說是下跌的，但是也有上漲的時候，而且成交量依舊很大。紐約證券交易所每日

的成交量始終維持在400萬股以上，而且經常超過500萬股。到了9月，新股的發行量甚至超越8月，經常需要溢價發行。9月20日，《紐約時報》刊載，最近上市的雷曼公司（Lehman Corporation）股票的發行價格是每股104美元，而日前以136美元賣出。（對於這種管理良好的投資信託公司，民眾熱情地完全予以支持。）在一整個9月，經紀人的放款增加了將近6.7億美元，在當時是有史以來最大的月增幅。這顯示出投機的氛圍並沒有消散。

還有根據其他的跡象顯示，在這個新時代的神明依舊被供奉在神殿裡。《週六晚間郵報》（*Saturday Evening Post*）10月12日的出刊內，以頭條刊登了以撒・馬克森（Issac F. Marcosson）採訪伊瓦・克魯格（Ivar Kreuger）的內容。這可是一篇獨家新聞，因為克魯格從來不接受記者的採訪。馬克森指出：「克魯格就像胡佛一樣是個工程師，經常以工程師對精確的要求來打造他遍布各地的事業。」而且，這不是他們兩人唯一相似之處。作者補充道：「和胡佛一樣，克魯格也是靠著純粹的理性管理公司。」

在訪談中，克魯格有一點表現得十分坦率。他告訴馬克森：「我所有的成就都可歸功於三件事：首先是保持沉默，其次是繼續保持沉默，最後仍然是保持沉默。」事實上也的確如此。兩年半後，克魯格在他巴黎的公寓裡自殺

身亡。之後不久，人們發現他厭惡消息的走漏，尤其是準確的消息，因此就連他最知心的朋友也不知道這宗有史以來最大的詐欺案。他的美國承銷商、非常值得尊敬的李希金森公司（Lee, Higginson and Company of Boston）都沒有聽到一點風聲，當然也就一無所知。該公司的一名主管唐納德‧杜蘭（Donald Durant）是克魯格公司董事會的成員之一，從來沒有參加過董事會的會議。可以確定的一點是，如果他出席也不會知道任何消息。

在10月的最後一個星期裡，當時剛創刊、消息還不是非常靈通的《時代雜誌》，也把克魯格當成封面人物——「塞西爾‧羅德斯（Cecil Rhodes，編註：1853～1902，英國出生，是南非著名的礦業家及政治家，熱衷於殖民主義與帝國主義）瘋狂的崇拜者」。一個星期之後，彷彿要強調它們對新時代的信心，《時代雜誌》繼續刊登山繆爾‧英薩爾（Samuel Insull）的故事。（兩個星期之後，《時代雜誌》天真的幻想破滅，這本週刊把歷史性的榮譽頒給了紐約州辛辛監獄的典獄長勞斯〔Warden Lawes of Sing Sing〕。）在深秋的日子裡，《華爾街日報》注意到政府公布安德魯‧梅隆（Andrew Mellon）至少留任到1933年（當時有傳聞他要辭職）的消息，而且指出：「樂觀的氣氛又再度瀰漫……這個公布……比其他任何消息更能重建民眾的信心。」在德國的查理‧米契爾宣稱「美國的產業情勢絕對

健全。」也提及經紀人的放款受到了太多的關注,「沒有任何事可以抵擋得了上漲的力道。」10月15日,他在預備回國時,進一步談到這個議題:「一般來說,市場現在處於一種健康的情勢之下……在我國的經濟仍然繁榮的情形下,股價具有合理的支撐。」同一天晚上,歐文‧費雪教授發表了他具有歷史地位的看法,股價將會長期停留在高原上。「我希望在未來的幾個月裡,看到股市漲得比現在還要高。」的確,在10月的這些日子裡,唯一令人擔心的事,就是股價一路持續下滑。

3

10月19日星期六,華盛頓快報報導商務部長拉蒙特(Robert Lamont)撥不出10萬美元公帑,支付摩根剛剛捐贈給政府的「海盜」號快艇的維修費用。(摩根的損失並不多,另一艘全新、價值300萬美元的「海盜」號已經停靠在緬因州〔Maine〕的巴斯港〔Bath〕。)還有一些其他更引人注目的跡象,顯示一種不尋常的緊縮銀根政策。各家報紙報導前一天股市的交易非常疲弱——成交量嚴重下滑,而《紐約時報》工業指數下跌了大約7點。鋼鐵股也下挫7點,奇異、西屋和蒙哥馬利都下跌了6點。同時股市的表現十分慘澹,是歷史上星期六成交量的第二大量,有3,488,100股的股票換手。在收盤時,《紐約時報》工業

指數下跌了12點，藍籌股也嚴重縮水，平日頗受投機客青睞的股票也直線下滑。例如J. I. Case公司的股票整整下跌了40美元。

星期日，股市上了報紙的頭版──《紐約時報》的標題是「賣壓籠罩股市」，而財經版的編輯在星期一大概是第十次報導多頭結束了。（不過，他已經學會了話不要說死，「此時此刻無論如何，華爾街似乎看到了事情的真相。」）關於股市反轉的原因並沒有人立即出來解釋。聯準會一直都保持沉默；巴布森也沒有發表新的言論。還差一個星期，哈特立和麻塞諸塞州公用事業部的事就要滿一個月，這些是後來才被解釋為引發股市反轉的原因。

星期日報紙報導了三種其後經常出現的看法。值得注意的是，在星期六的交易之後，證券公司發出了相當多的保證金催繳令。這表示信用交易者持有的股票價值已經跌破抵押品的價值。投機客被要求支付更多的現款保證金。

另外兩個報導比較令人欣慰。它們一致認為，而這也是華爾街消息靈通人士的觀點：最黑暗的時刻已經過去。並且有人預言，第二天市場會得到有組織的支援。就算市場出現了疲軟，也不會被折磨太久。

沒有任何一句話像「有組織的支援」這樣具有魔力。幾乎每一個人及每則有關市場新的報導立刻都在談論它。「有組織的支援」表示有力人士將組織起來，把股價維持

在一個合理的水準上；差異只在於要由誰出面領導。有些
人想到卡登、杜蘭和拉斯科布這樣的大戶；他們和大家一
樣經不起股市的崩盤。另有一些人想到了銀行家——查
理‧米契爾曾經採取過行動，如果事情持續惡化的話，他
一定會再介入。還有一些人想到了投資信託公司。他們持
有大量普通股的投資組合，顯然也經不起股價大幅下挫。
此外，他們還有現金在手。如果股價真的來到低點，那麼
就可以在市場大舉買進便宜貨。這表示股價低檔的情形不
會持續很久。有這麼多的人不希望股市進一步下挫，肯定
必能避開這個結果。

在之後的幾星期，安息日（星期六及星期天）的休
市，顯然得以讓不安、懷疑、悲觀的情緒以及星期一出場
的決定慢慢醞釀成形。似乎可以肯定的是，這正是10月20
日星期日所發生的情形。

4

10月21日星期一是個非常不幸的日子，當日成交量
達到了6,091,870股，是歷史上的第三大成交量。全國數以
萬計關注市場的投資者發現了一個令人不安的現象，就是
沒有辦法判斷市場上究竟發生什麼事。在以前行情正夯的
日子裡，行情表（ticker）時常跟不上市況，投資人往往要
等到收盤以後才會發現自己究竟又賺了多少財富。不過，

在股價下跌的市場上，訊息的傳遞要慢得多。自3月份以來，行情表落後的程度尚不嚴重。有許多人現在第一次意識到，自己有可能已完全並永遠破產卻還不自知。如果他們沒有破產，也極有可能想像自己就要破產了。10月21日自開盤起，行情表又慢了，到了中午足足晚了1小時。收盤後1小時40分，最後一筆交易才播報出來。續優股的價格每10分鐘會顯示在債券行情表上，但是這些報價和股票行情表上的差異只會增加投資人的不安。於是，他們越來越相信最好趕快出清股票。

情勢儘管惡劣，但還沒有到令人絕望的地步。在星期一快收盤時，市場又奮力向上，結果收盤價高於當天的最低點。投資人的淨損大大小於星期六。星期二的時候，股市開始出現震盪，稍有回升。就像以前經常發生的狀況，市場似乎顯示出想要反彈的跡象。投資人都把這一次視為另一次下挫，因為以前已經出現過很多類似的狀況。

投資人之所以會作如是想，是因為得到當時兩位被公認為華爾街官方預言家的協助。星期一，費雪教授在紐約發表聲明，他認為股市下跌只是「擺脫極端狂熱的現象」。他還解釋為什麼股價在大多頭的時候沒有反映股票的真實價值，所以應該會繼續上漲。其中的一個原因就是，市場還沒有反映實施禁酒令之後的良好效果，因為禁酒可以讓美國勞工「更有生產力且更加值得信賴」。

　　星期二，查理・米契爾回到紐約發表評論說，「股市跌得太深。」（發表的時間及國會和法院的各種會議紀錄都顯示，米契爾先生有很重要的個人因素才會這樣說。）他又補充道，經濟狀況「基本上是健全的」，並又再一次提到大家太注意經紀人大量的放款。他的結論是，如果放任情勢不管，股市終將會自動修正。然而巴布森提出不同的看法，他認為應該賣掉股票，買進黃金。

　　10月23日星期三，費雪和米契爾的言論竟然起不了作用，股市非但沒有上漲，反而嚴重下挫。開盤時走勢相當平穩，但是早上快到10點時，馬達零件股出現嚴重的賣壓，股市成交量也開始放大。收盤前1小時出現交易異常的現象——260萬股的股票以迅速下跌的股價換手。當天《紐約時報》工業指數由415點下降到384點，吃掉6月底以來的全部漲幅。AT&T公司下挫15點；奇異下跌20點；西屋下跌25點；而J. I. Case又大跌46點。行情表又一次遠遠落後於股票成交的速度。美國中西部颳起一場冰雹造成廣大地區通訊中斷，因此更加劇市場的不安。當天的下午和傍晚，成千上萬的投機客決定在仍舊有利可圖（實則不然）時出場。另有數千人得到通知，除非增加抵押品，否則就得出場。收盤前，保證金追繳令發出的數量空前。至於華盛頓這方面，費雪教授樂觀的態度也打了折扣。他在一次銀行家的聚會上說：「**在大多數的情況下，股票的**

價格並沒有被高估。」不過，他並沒有改變對禁酒政策未
顯現效果的立場。

　　當天晚上，報社都懷著對一個快速消失時代難捨的
心情，準備付印第二天的報紙。其中有一個令人震懾的
廣告，阿基泰波拉格·克魯格與托爾公司（Aktiebolaget
Kreuger and Toll）的新股認購權證售價23美元。另外還有
一點值得安慰之處，有人預測第二天股市一定會得到「有
組織的支援」。

5

　　10月24日星期四就是史上稱1929年大恐慌的第一
天。以失序、驚恐和混亂的程度來看，這個星期四的確
實至名歸。當天的換手量為12,894,650股，成交價格之低
廉，足以粉碎那些投資人的希望和美夢。在股市的所有神
祕面紗中，最讓人猜不透的就是，為什麼賣家一定找得到
買家。1929年10月24日打破了這個神話。當時經常出現
的情形是沒有人接手，只有在股價直線下滑之後，才會有
人願意出手。

　　恐慌並沒有持續一整天，只在早上出現了幾個小時。
股市開盤時並沒有任何特別的跡象，有一段時間股價還非
常穩定，不過成交量非常大。很快股價開始回軟，行情表
又開始落後。股價大幅滑落，且速度加快，行情表落後得

更多了。到了早上11點，股市陷入瘋狂的拋售。在全國各地擁擠的公司董事會，從行情表上得知股價可怕的暴跌。而債券行情表上所顯示績優股價格也已經遠低於一般股票行情表上的價格。不安的氣氛導致越來越多投資人想盡辦法拋售股票。而一些再也無法應付保證金催繳令的投資人，也不得不被迫斷頭出場。到了11點30分，股市向失控、無情的恐慌投降。這的確就是一場大恐慌。

　　位於百老匯街上的紐約證券交易所外傳來了一陣詭異的吼叫聲，一群人立刻圍攏聚集。格羅夫‧華倫（Grover Whalen）警察局長意識到情況有異，立即派遣一支特警隊前往支援。越來越多的人聚集過來，待著不走，沒有人知道究竟發生了什麼事。有一個工人出現在附近的一棟大樓樓頂，準備進行維修，但樓下圍觀的群眾以為他要跳樓，焦急地等著看結果。除了紐約市，甚至全國各地的證券公司外面都圍滿了人群。看得到行情表和電子顯示器的人想辦法把事情的進展和預估的走勢不斷向外傳遞。有一個人觀察到群眾的表情像在說，「沒有比這種恐怖的懷疑氣氛更折磨人的了。」[3]華爾街和其他外圍的地方謠言四起，股價現在已經跌落谷底。芝加哥和水牛城的證券交易所已經

3　Edwin Lefèvre, "The Little Fellow in Wall Street," *The Saturday Evening Post*, January 4, 1930.

關閉，自殺的風潮開始蔓延，11位知名的投機客已自殺身亡。

12點30分，紐約證券交易所的主管看到下面混亂的情勢，下令關閉訪客走道。有一位剛離開的訪客就顯示出他現身歷史場景的非凡能力。他即是英國前財政大臣溫斯頓‧邱吉爾（Winston Churchill）。邱吉爾於1925年讓英國恢復了金本位制，而且高估了英鎊。因此，他派遣蒙塔古‧諾曼（Montagu Norman）前去紐約，說服當局採行放鬆銀根的政策，因而造成在關鍵時刻融資的氾濫。依照學術界的講法，也因此引動了這次股市的行情。現在，可以想像得到邱吉爾親眼看見自己所捅出的婁子。

根據後來歷史的記載，並沒有任何指責邱吉爾的說法；而經濟從來就不是他的強項，所以他似乎也不可能責怪自己。

6

在紐約，恐慌至少到中午才宣告平息。中午時，股市出現了有組織的支援。

中午12點，記者獲悉在華爾街23號的J. P.摩根公司正在召開一個會議。與會者的名單很快就流出來——查理‧米契爾，國家城市銀行董事長；亞伯特‧威金（Albert H. Wiggin），大通銀行（Chase National Bank）董事長；威

廉・波特（William C. Potter），擔保信託公司（Guaranty Trust Company）總裁；希華德・普羅瑟（Seward Prosser），美國信孚銀行（Bankers Trust Company）董事長，以及主持會議的摩根資深合夥人湯瑪斯・拉蒙特（Thomas W. Lamont）。根據傳聞，在1907年大恐慌時期，老摩根終止討論是否要挽救搖搖欲墜的美國信託公司（Trust Company of America），只說了一句：「制止恐慌的時候到了。」而恐慌就這樣止住了。如今22年之後，這齣戲又重新上演。老摩根已經去世，而他的兒子遠在歐洲，但是同樣具有魄力的人開始插手，他們是美國一群最有實力的金融家。此刻他們還沒有遭到新政擁護者（New Dealers）的羞辱和誹謗。他們準備介入的消息一傳出來，就讓這些飽受驚嚇的民眾獲得解脫。

　　情況的確如此，他們很快就決定要共同集資解救股市。[4]會議結束之後，湯瑪斯・拉蒙特接受記者的訪問。據

4　大家集資（或說承諾）的金額一直都未獲得證實。艾倫（Frederick Lewis Allen）在 *Only Yesterday*, pp. 329-30指出，每一家機構，包括後來加入拯救股市行列的第一國家公司（First National）的小喬治・貝克（George F. Baker, Jr.），需各出4,000萬美元。共計2億4,000萬美元，聽起來似乎多到不太合理。《紐約時報》後來認為（1938年3月9日），總金額應該在2,000萬到3,000萬美元之間。

說他的態度很嚴肅，但是他的言談令人欣慰。在後來被佛利德瑞克‧路易斯‧艾倫稱為有史以來最重要的保守談話中，[5]拉蒙特告訴新聞記者說，「證券交易在過去這段時間有一點令人痛苦的賣壓。」他又補充說，這是因為「市場技術上的問題所造成的」，而不在於任何基本面的因素。同時他還告訴記者，情勢是會好轉的。他讓記者知道，銀行家已經決定改善目前的局勢。

他的談話傳到了銀行家們舉行會議的證券交易所交易大廳，而新聞收報機也把這句很有魔力的話傳到遠方。股價於是立刻穩定下來，並且開始回升。到了1點30分，理查‧惠特尼（Richard Whitney）出現在交易大廳，走到鋼鐵股交易的櫃檯前。惠特尼也許是交易大廳裡最有名的人物。他有良好的背景，當時大家寄望他能出面管理交易所。原本惠特尼是交易所副總裁，但因為當時西門（E. H. H. Simmons）人在夏威夷，於是由他行使總裁的職權。當下更重要的是，大家都知道他是摩根的場內交易人，而他的兄長正是摩根公司的合夥人。

當惠特尼穿過擁擠的人群，顯得一派從容自適，非常有自信──後來有人形容說他的態度輕鬆愜意。（他自己的公司主要承做債券買賣，因此不太可能介入當天早上太

5 *Op. cit.*, p. 330.

多的混亂。）在鋼鐵股的交易櫃檯前，他以205美元買進10,000股。這是上一筆成交的價格，後來的報價要比這個低好幾檔。在完全缺乏正常交易程序的買賣中，他買到了200股，然後就把尚未完成的訂單交給專業經紀人。之後他繼續在交易大廳裡走動，並且遞出類似的單子，購買15到20支其他的股票。

就這樣，與會的銀行家很顯然已經插手拉抬股價。市場立刻引起反應，人們的恐慌頓時消失，轉而擔心是否會錯過上漲的行情，於是股價立刻向上彈升。

銀行家們的確揮出漂亮的一擊。當天上午由於股價大跌，停損單（只要達到特定價格就賣出的委託單）大量出籠。由於許多客戶對保證金追繳令置之不理，證券經紀商為了保護自己，就出手賣掉客戶所抵押的股票。每一次的拋售都會增加股市的股票供給量，因而導致股價進一步下跌。每一次的斷頭賣出都會引發下一筆的賣壓。這就是銀行家要制止的連鎖反應，而他們果斷地採取了行動。

在快要收盤的時候，賣單持續從全國各地湧來，市場又再一次回軟。就像賣壓導致星期四變得如許黑暗一樣，黑色星期四自己回穩的速度也出奇的快。《紐約時報》工業指數只下跌了12點，或者說下跌略大於前一天的三分之一。鋼鐵股，就是惠特尼選擇開始救市的股票，那天上午以205.5美元開盤，比前一天的收盤價高出1～2點。當

天，鋼鐵股最低點來到193.5美元，比開盤下跌了12點，[6]
收盤時來到206美元，出人意料地比前一天高2美元。蒙
哥馬利以83美元開出，一路下挫到50美元，最後回升至
74美元。奇異一度下跌到比開盤低32美元，然後又反彈了
25美元。在場外交易市場上，高盛貿易公司的股票以81美
元開出，後來跌至65美元，最後反彈至80美元。J. I. Case
公司維持它一貫的古怪投資手法，把許多風險資本投入冷
門的打穀機市場，當天的股價上漲了7美元。許多投資人
真的該好好感謝華爾街的金融領袖們。

7

當然並不是每個人都會表示感激之情。全國各地的民
眾只約略感覺股市有些好轉。一到了下午，股市開始攀
升，行情表又落後了幾個小時。儘管債券行情表所顯示的
股市行情有些回溫，但行情表上仍持續傳送出許多讓人失
望的消息。而這些訊息才具有舉足輕重的地位。對許多觀
注行情的股民來說，行情表上的訊息就意味著他們已經斷
頭，原先發財的夢想，事實上就是短暫擁有的財富，已隨
著房子、車子、皮草、珠寶和地位一起逐漸灰飛煙滅。那

---

6 在這段時期，報價通常會四捨五入到整數，但是當天鋼鐵股的報
   價似乎是個例外。

個已粉碎了他們夢想的股市如今出現回溫，此現象是最令人心寒的安慰。

一直到晚上七點八分半，行情表才顯示完當天的慘烈狀況。在交易大廳裡，自上午開盤以來大肆拋售的投機客默默地盯著行情表。這是幾個月甚至是幾年來養成的習慣，然而現在已成了無聊至極之舉，且看來一時之間也不可能改變。之後，當最後的交易完成計算後，他們有的面帶愁容，有的滿臉陰森，紛紛步出大廳，走入暗夜裡聚集的人群之中。

在華爾街的各個金融機構燈火通明，證券公司的員工正忙著結算當天的交易。郵差和交易大廳的工作人員，因為沒有背負虧損的憂慮，興奮地在大街上嬉鬧，一直到警察前來制止。而35家最大的電訊公司代表聚集在霍恩布羅爾和威克斯公司（Hornblower and Weeks）的辦公室開會。他們臨走的時候告訴媒體說，「市場的基本面是健全的，技術面也比過去幾個月好。」與會的代表一致認為，最艱難的時刻已經過去。會議的主辦單位也發表一份市場報告書，宣稱「從今天開始的交易，市場應該會為具有1930年特色的進步打下基礎。」查理・米契爾聲明，市場上出現的亂流純粹是一些「技術面的問題」，而「基本面並沒有受到影響」。參議員卡特・格拉斯（Carter Glass，編註：1858～1946，美國報社出版商及政治家，多年在國會擔任民

主黨參議員。在立法通過成立聯準銀行系統方面，是關鍵人物。曾任美國第47屆財政部長）認為，這些問題主要是查理·米契爾造成的。而印第安那州的參議員威爾遜則把股市的崩盤歸咎於民主黨拒絕提高關稅。

8

　　星期五和星期六市場的成交量仍然非常龐大。星期五接近600萬股，而星期六交易時段較短，成交量仍然超過200萬股。一般而言，股價走勢平穩。星期五有一點上漲，星期六小幅下滑。根據觀察所顯示的，銀行家可能先賣掉手中大部分的股票，然後在星期四時再買進救市。不僅市場的情勢有所好轉，而且大家都知道是誰的功勞。銀行家們同時顯示了他們的勇氣和實力，而民眾則熱烈而慷慨地表示讚賞。據《紐約時報》的報導，金融界現在「因為獲悉全國最有實力的銀行決定避免再發生恐慌，而覺得安心。」因此，「放下了它的焦慮」。

　　在經歷星期四的災難之後兩天內，有那麼多的人樂觀看待經濟前景，這可以說是空前絕後的現象；樂觀中甚至帶著沾沾自喜的成分。克利夫蘭的艾爾斯（Ayres）上校認為，沒有任何國家能夠如此成功地安然度過這樣嚴重的崩盤。也有人指出，經濟前景依舊看好，股市的崩盤絲毫不會動搖未來的走勢。沒有人知道，但更重要的是，有效的

咒語既不必要也並非理所當然。

伊利諾州大陸銀行（Continental Illinois Bank）的總裁尤金・史蒂文斯（Eugene M. Stevens）說：「商業上的任何因素都無法解釋市場焦慮的現象。」華特・蒂格爾（Walter Teagle）指出，石油業並沒有發生「基本面的變化」，足以解釋人們擔心的理由。查理・許瓦伯（Charles M. Schwab）認為，鋼鐵業的「基本面一直在進步」，變得更加穩定，而且補充道，這種「健全的基本面」就是鋼鐵業興盛的原因。鮑德溫蒸汽機車公司（Baldwin Locomotive Works）總裁山繆爾・鮑克萊恩（Samuel Vauclain）宣稱，「基本面良好」。胡佛總統發表談話說，「全國的重要商業，不論是生產或銷售，都處在健全且繁榮的基礎上。」有人請胡佛總統針對股市發表更具體的看法（例如現在的股票很便宜），但是為他所拒絕。[7]

還有許多其他人紛紛發表自己的看法。聯合煤氣與電力公司（Associated Gas and Electric）總裁霍華德・霍普森（Howard C. Hopson）撇開「基本面」這種標準的參考指標不談，他認為，「掃蕩投機客賭博的行為，無疑對全國的

7　這是由《週六晚間郵報》（*Saturday Evening Post*）的卡瑞特・葛瑞特（Caret Garrett）所報導（1929年12月28日），而胡佛總統在他的回憶錄中也證實此事。根據葛瑞特的說法，銀行家聯合起來要求總統發布這樣的談話，因為這表示政府能夠控制當時的情勢。

商業發展有利。」（霍普森先生自己也是一位投機者，儘管他從事的是比較有把握的行業，但也該予以淘汰。）一家波士頓的投資信託公司在《華爾街日報》上大幅刊登了「諸位，請冷靜！注意美國最偉大銀行家的言論。」這個刺耳的呼籲，雖然在風雨欲來前是一個重要的線索，但是並沒有受到重視。紐約州長富蘭克林・羅斯福（Franklin D. Roosevelt）在波基普西（Poughkeepsie）發表談話時批評「投機的狂熱」。

星期日，有教會的講壇聲稱美國受到了天譴，它並沒有完全被冤枉。美國人一心只想著發財，忽視了精神的價值。現在，他們得到了懲罰。

幾乎所有的人都以為這次沉痛的教訓已經過去，現在又能夠開始積極投機了。各家報紙上滿滿都是對下個星期股市走勢的預測。

大家都認為股價又變得很便宜，因此，會有大批的人潮進行搶購。從證券公司流出無以計數的傳聞，其中有些沒有任何根據：買單堆積如山，正等待股市的開盤。星期一的報紙上，刊載了券商聯合採取行動的廣告，他們希望大眾迅速展開買賣的動作。有一家證券公司說道：「我們相信，在這個時候有選擇性地（這始終是謹慎投資的條件之一）買進股票的投資人，可以很有信心地這麼做。」星期一，真正的災難開始了。

第 6 章

越來越嚴峻的情勢

1929年秋天，紐約證券交易所（在與現今雷同的組織架構下）已有112年的歷史。自成立以來，它經歷過多次艱難的時刻。1873年9月18日，傑庫克投資公司（Jay Cooke and Company）倒閉，在接下來的幾個星期裡，多少直接影響其他57家證券公司的歇業。1907年10月23日，同業拆款利率在當年恐慌的氣氛下，上漲了125%。1920年9月16日（秋季是華爾街的淡季），一枚炸彈在摩根隔壁的門前爆炸，造成30人死亡，一百多人受傷。

這些早期經濟危機的共同特點就是，事情爆發不久之後很快就結束。再糟也不過如此。但1929年股市大崩盤最大的特點就是情勢不斷惡化；前一天以為要結束的夢魘，到了第二天才被證實剛要開始。沒有任何事情比這更折磨人的，因此可以確定幾乎無人倖免於難。那些有幸借到資金足以應付第一次保證金催繳令的投機客，接下來又會立刻面臨接到第二張；如果他能應付第二張，還有第三張、第四張等著他。最後，投機客就會把所有的資金都賠進去。那些懂得資金管理的人，也就是在第一次大崩盤之前就在場外觀戰的投資人，自然會進場撿便宜。（10月24日不只賣盤創紀錄達到12,894,650股，當然買盤也是一樣的數額。）這些「便宜貨」之後又經歷了一場毀滅性的重挫。在投資人觀望了一整個10月和11月，看到成交量恢復正常，華爾街又重歸平靜，然後開始買進普通股的時

候，他們手中的股票在兩年後只值此時的三分之一或四分之一。柯立芝執政時期的牛市真的是非比尋常的熱絡，而它終結時的殘酷也是自成一格地令人印象深刻。

2

10月28日星期一，是股市開始它**無限**反覆大起大落過程的第一天，同時也是一個可怕的日子。當天的交易爆出天量，儘管低於上星期四——兩者分別是925萬股和接近1,300萬股，但是損失的情形卻嚴重得多。《紐約時報》工業指數當天下跌49點；奇異下跌48點；西屋下跌34點；AT&T下跌34點；美國鋼鐵下跌18點。單單這一天的跌幅就超過上週大恐慌的一整個星期。行情表又再度嚴重落後，沒有人知道發生了什麼事，更不消說聽到了哪些壞消息。

這一天股市絲毫沒有起色。到了下午1點10分，有人看見查理·米契爾走進摩根大樓，新的行情表顯出奇妙的變化，鋼鐵股重新整理，由194美元回升到198美元。但是惠特尼並沒有出現。根據後來的消息指出，米契爾很可能前去動用一筆私人貸款。股市又再度疲弱不振，在收盤前的一個小時，以快速下跌的股價換手，成交量爆出前所未有的300萬股。

下午4點30分，銀行家們又在摩根大樓開會，一直開

到晚上6點30分。據說，他們採取了一種冷靜的態度，向媒體披露，形勢「仍然有光明的前景」，不過他們並沒有具體指明方向。而他們會後所發表的聲明的確揭露兩個小時的會議內容。聲明中說，銀行家們毫無意願要把股價維持在一定的水準，或是企圖保障任何人的利益；而是有心要維護市場的秩序，讓買賣雙方得以在一定的價位成交。銀行家關心的只是不讓拉蒙特所戳破的「破洞」出現。

就像許多不重要的人士，拉蒙特和他的同事突然發現，他們已經無法支撐一個下跌的市場，是他們應該對承諾縮手的時候了。無論是有規模的支援，還是其他形式的支持，基本上都已經無法抵擋排山倒海而來的病態拋售。銀行家們在這次會議上討論，要如何在不驚擾民眾的前提下，削減對救市的承諾。

他們開出的是一張令人心寒的藥單。上星期四，惠特尼還主張維持股價，保護利潤——或至少遏止損失，其實這也是股民所想望的。對融資交易的投資人來說，災難只有一個面向，就是股價下挫。而現在股價已經沒有了支撐，獲得下跌的默許。投機者唯一的安慰就只剩下，他們的毀滅是否能夠以平順和妥當的方式完成。

當時還沒有所謂的反控。我們在政治上欣賞極端的言論。那些懂得用偏頗的言論煽動群眾的人即使不一定總是能當偉人，也註定會出名。在商場上，情形就有所不同，

我們會保持異常溫和且寬容的態度。即使有人提出一些荒謬的訴求或理由，也總是能被人接受。28日晚上，再也沒有人對紐約最大的銀行準備採取防止恐慌再度發生的舉動有任何的安全感。市場再次證明自己遠非任何人所能控制得了。一旦人們這麼認定市場，那後果將令人難以想像。但是，對於銀行家們讓投資人失望，竟無人出面指責。第二天，甚至還傳出市場會接受有組織的支援的消息。

3

10月29日星期二，是紐約證券交易所有史以來最具毀滅性的一天，同時有可能是股市交易史上最悲慘的一天。這一天匯集了所有之前不幸的特徵。當天的成交量遠大於黑色星期四；股價的跌幅幾乎與星期一相同。不確定性和驚恐的程度則相當於黑色星期四和星期一。

股市一開盤，賣壓即如排山倒海而來。賣單大筆敲進，在開盤後的頭半個小時裡，賣單就高達日交易量的3,300萬股。銀行家們想要封住的破洞，就此大開。在許多方面賣單已經多到不合理的程度，市場上完全沒有買氣。白色縫紉機公司（White Sewing Machine Company）的股票前幾個月曾漲到48美元，當晚收盤時跌到11美元。據佛利德瑞克‧路易斯‧艾倫透露，紐約證券交易所有個聰明的郵差，當天決定以每股1美元的價格買進一批股票，

結果在沒有其他買單的情形下，他成功了。[1]當然行情表又再度嚴重落後，一直到收盤，落後了兩個半小時。當天紐約證券交易的成交量達到16,410,030股（還不包括未登記在案的交易），可以說是平日巨幅交易量的3倍。《紐約時報》工業指數下跌43點，吃掉了前12個月所有的漲幅。

　　要不是收盤時行情止住下滑，這一天的損失還會更嚴重。因此，惠特尼在星期四以205美元買進的美國鋼鐵公司股票，這一天跌到了167美元，不過收盤時回升到174美元。美國罐頭公司（American Can）以130美元開盤，曾跌至110美元，後又回升到了120美元。西屋以131美元開盤（9月3日該股收於286美元），後來跌到了100美元，最終又回升到126美元。但是在這恐怖的一天裡，最悲慘的要算是投資信託公司。它們不只價格下跌，而且很有可能變成壁紙。高盛貿易公司前一天收盤為60美元，當天跌到了35美元，並且以這個價格收盤，跌幅近乎一半。藍嶺公司曾經採用過神奇的槓桿操作，現在產生了反作用力，股價跌得更慘。9月初，股價以24美元賣出，到了10月24日只剩下12美元，不過當天和接下來的一天還算抗跌。到了10月29日上午，該股以10美元開盤，很快下滑到3美元，一下子跌掉了三分之二以上。後來雖有所

1　*Only Yesterday*, p. 333.

回升，但是其他投資信託的股價跌得更慘，根本沒有人接手。

華爾街最恐怖的一天終於結束了。燈火整夜未熄。紐約證券交易所的會員公司及其員工，以及交易所的員工，現在已經達到緊張和疲勞的臨界點。就是在這樣身心俱疲的狀態下，完成記錄和處理有史以來最大日成交量的工作。所有的這一切都沒有任何跡象顯示事情會有所好轉，反而有可能會進一步惡化。有一家證券公司的員工因為過勞而暈倒，救醒之後仍繼續工作。

4

在股市展開殺戮的第一個星期裡，受波及的都是無辜的散戶；而在第二個星期，根據一些跡象顯示，有許多財力雄厚的大戶也被拖下水，其財富縮水的規模加上事情發生得太過突然，可與十多年前列寧（Lenin）發動的革命媲美。由單筆交易量的大小，可窺見大戶在拋售或是被別人斷頭。董事會的會議室也可以發現某些現象。一個星期前，董事會內還算擁擠，如今幾乎人去樓空。不過，那些現在深陷泥沼的人倒是有場所可以獨自飲恨。

銀行家們在29日又召開了兩次會議——中午和晚上各一次。這一次沒有跡象顯示他們仍能保持冷靜的態度。這一點是顯而易見的，因為當天紐約證券交易所盛傳一則

駭人聽聞的消息：銀行家們的資金現在非但不穩定股市，實際上已經在進行拋售！他們的聲譽甚至比股價滑落得更快。在晚上的會議結束後，拉蒙特先生接受媒體的訪問，他的責任就是否認他們已經在清算證券的事實——或是說參與了預告熊市來臨的拉警報行動。由白天市場的表現，拉蒙特的解釋顯得有些多餘，他說銀行家們的目的並不是要把股價維持在一個特定的水準，他的結論是：「與會的銀行家們過去堅持，並且未來會繼續採取合作的模式支撐股市，而且不會賣股票。」事實上，如後來的消息所顯示的，大通銀行的威金此時已私下拋售股票，而且數量高達數百萬股。他聯手護盤的行動即使獲得成功，也要付出沉重的代價。他的內心必然有一種有趣的矛盾。

　　有組織的支援行動就此宣告結束。這句話在接下來的幾天裡仍然出現，不過再也沒有人對它抱持任何希望。從10月24日到29日的6天之中，很少有人的財富會像紐約的銀行家一樣快速縮水。10月24日的大崩盤，對公司和外地的銀行來說是一個信號，因為它們一直以來享受著華爾街支付10%以上甚至更高的利率，現在他們急著將資金撤回。10月23日到30日，由於股價下跌、融資戶斷頭，經紀人的放款頓時減少了10幾億美元。不過，公司和外地銀行雖然資金並未受到真正的威脅，但是因為紐約的混亂，及時抽回了20多億美元。紐約各家銀行起而填補了這個缺

口,在危機發生的第一個星期,他們增撥了10億美元的貨款。這是很大膽的一步,如果紐約的銀行也出現一般人的恐慌,那麼就要在其他災難上再添一筆資金的恐慌。如果投資人無法融資,就無法持有股票。對於投資人而言,能夠協助他們得到融資可是一樁很大的成就,值得他們的感恩。但是,銀行並沒有得到投資人的感謝,人們只記得他們勇敢地阻止股價下跌,最終卻遭致失敗。

以下的言論並不是討好人的說法,人們很容易屈從於權力。當大銀行家們大權在握的時候,很難想像人們會對他們憤恨不已。但是從無數著名的獨裁者身上,如凱撒(Julius Caesar)到墨索里尼(Benito Mussolini)等所得到的證明,人們從來不會憐憫那些曾經擁有權力、而後又喪權或被殲滅的人。對過去傲慢的憤懣與對當前軟弱的輕視交織在一起,受害的人或是他們的屍魂註定要忍受各種的羞辱。

這就是銀行家們的命運。在往後的10年裡,他們成了國會議員、法院、媒體和喜劇演員抨擊的對象。他們的自命不凡和那幾天的慘痛失敗便是其中的原因之一。一個銀行家不需要受人歡迎。的確,在一個健康的資本主義社會裡,一位優秀的銀行家很可能不討人喜歡。人們不會願意把自己的錢託付給嘻皮笑臉的人,寧願給能夠拒絕別人,因而會惹人厭的人。不過,銀行家不能看上去像是沒用、

效率低落或是有點愚蠢。與1907年摩根的嚴謹相較，他的
繼任者就是被塑造成這種形象，在1929年的時候看上去似
乎是如此。

　　銀行家們的失敗並沒有讓民眾完全失去積極進取的領
袖，他們還有詹姆斯・華克（James J. Walker）市長。那
個星期二，他出席了一場電影宣傳會，他呼籲他們多拍一
些能喚醒人們心中勇氣和希望的電影。

5

　　交易所自己倒希望，要恢復勇氣和信心的最好辦法，
就是讓股市休息一段時間。的確，有幾天大家的這種想法
越來越強烈，現在又有「大家極度需要睡眠」這樣簡單事
實的支撐。紐約證券交易所的員工已經好幾天沒有回家，
市區飯店的房價居高不下，金融街一帶的餐廳每天要營業
15到20個小時。大家的情緒都十分惡劣，出差錯的機率越
來越高。在星期二收盤後，有一個經紀人在大型字紙簍裡
找到一堆沒有執行的委託單，原來被他給遺忘了。[2]有一位
客戶的融資帳戶有些問題，股票被賣出了兩次。有許多證
券公司需要時間審核自己是否還有償付的能力。事實上，
在這段期間紐約證券交易所並沒有犯下嚴重的錯誤。只有

2　Allen, *op. cit.*, p. 334.

一家公司因為一名員工疲勞過度出現的錯誤，而被迫申請
破產。[3]

然而，要關閉紐約證券交易所可是一件嚴重的事。這
表示在某種程度上暗示著股票已完全失去價值，沒有人能
想像會有怎樣的結果。無論如何，股票就會立刻變成被凍
結的資產，這對有清償能力的投資人來說是很不公平的，
因為他們無法拿來變現，或者當成抵押品。遲早會冒出
「地下市場」，人們私底下會在其中把股票賣給那極少數願
意購買的人。

1929年，紐約證券交易所原則上有權管理會員。除
了一般業務的執行、預防欺詐的規定以外，紐約證券交
易所並不受各州或聯邦重要法規的約束。這表示有相當程
度的自治權。立法管制交易活動的進行必須接受審查，並
予以貫徹執行。股票上市必須經過審核，交易所的大樓和
其他設施必須有專人管理。就如同美國國會一樣，大部分
的管理活動交由委員會進行（各委員會又由各小組人員組
成）。要做成關閉交易所的決定必須由交易所的管理委員
會決定，該委員會由40名委員組成。只要這些委員將要開

3　*The Work of the Stock Exchange in the Panic of 1939*，理查·惠
　　特尼在波士頓證券交易所會員公司發表的談話(Boston: June 10,
　　1980), pp. 16, 17.接下來惠特尼針對10月29日及其之後的情形所
　　做的說明都是來自於同一處。

會的消息一曝光，幾乎就會對股市產生不利的影響。

然而 29 日星期二中午，管理委員會還是舉行了會議。他們前往聚會時三三兩兩一起走，並沒有走向平時開會的地方，而是來到位於交易大廳樓下股票結算公司的總裁辦公室。幾個月後，代理總裁惠特尼很生動鮮活地描述了這次會議：「他們開會的辦公室從來就不是為召開這種大型會議所設計的，結果大多數的與會者不得不站著或坐在桌子上。在會議進行的時候，樓上交易大廳裡的恐慌氣氛越來越炙熱。每隔幾分鐘就會公布最新的股價，股價一路無法遏止地迅速下滑。這些與會人士的情緒可以從他們不停點煙、抽兩口就按熄，然後又點一根新的行為得知。很快地，他們就把小小的會議室搞得烏煙瘴氣，讓人窒息。」

這個緊急會議的結果就是，晚上再開一次會。到了傍晚出現止跌回穩的跡象，於是委員會決定繼續開市一天。第二天又想到另一個方案，於是決定交易所繼續開市。由於交易會碰上一些節日，如此還可以縮減交易的時間。等到股市似乎還相當穩健，足以承受這些消息的衝擊時再公布。

有很多人仍然希望交易所休市，惠特尼後來說，儘管有點誇張，未來「紐約證券交易所將把獵物的生命（最終）延續到大家都希望交易所開市為止。」

6

第二天正當股市陷入絕望時，所有這些正在發酵的各方勢力竟然發揮救市的作用。雖然交易仍爆出巨量，但股價卻奇妙地止跌回升。《紐約時報》工業指數當天上漲了31點，因此填補昨天出現的大缺口。這個反彈出現的原因誰也不知道。「有組織」的支援已經沒有人會相信，有組織的安撫反而稍具信服力。29日當晚，美國商務部副部長、胡佛總統的朋友，同時也是官方經濟論點的資深發言人朱利斯・克萊恩（Julius Klein）透過廣播，提醒全國人民，胡佛總統曾經說過，「全國的經濟基本體質是健全的。」他又很堅定地補充，「我想要強調的重點就是，經濟活動大體上是健全的。」星期三，高盛公司的華迪爾・凱欽斯（Waddill Catchings）從西部旅行回來宣稱，總體的經濟情勢「毫無疑問地，基本上是健全的。」（當時同樣的想法不可能由高盛公司的每一位高層說出口）。亞瑟・布里斯本告訴赫斯特（William Randolph Hearst，編註：1863～1951，美國報業出版商）的讀者，「如果你的投資有了虧損，為了安慰自己，就想想那些住在貝雷火山（Mount Pelee）被迫離鄉背井的人們吧！」

也許最重要的是，來自波康迪克・希爾斯（Pocantico Hills）的約翰・洛克菲勒（John D. Rockefeller）數十年來

首次公開的談話。根據記載，這是一次自發性的談話。不
過，華爾街有人（也許他們知道，再次懇請胡佛總統特別
針對股市說些鼓舞人心的話不會有任何作用）也許相信，
若是洛克菲勒能出面講一些話，情勢或許會好些。他說的
大意是：「由於相信國家的基本經濟情勢是健全的，……
我和我兒子這幾天持續買進一些優良的普通股。」儘管自
視為喜劇演員、作家、統計學家和受害人的艾迪・坎特
（Eddie Cantor）後來說道：「當然，誰還有閒錢呢？」[4]洛克
菲勒的這一席話仍然廣受好評。

　　一般公認，華爾街對星期三奇蹟似上漲的解釋是前一
天分配股利的消息，而不是什麼安撫人心的談話。而這一
點無疑也是經過刻意的安排。美國鋼鐵公司宣布要分配特
別紅利；美國罐頭公司不但分配特別紅利，還要增加普通
股利。這幾縷出其不意飄散出來的陽光，灑在下曼哈頓這
個被黑暗籠罩的深谷裡。

　　就在洛克菲勒的談話傳到華爾街之前，紐約證券交易
所的狀況之好，讓惠特尼覺得宣布休市是個不錯的時機，
預計星期四中午以後才開市，星期五和星期六仍然休市。
大家聽了都報之以掌聲，神經緊繃期明顯已經安然度過。

4　*Caught Short! A Saga of Wailing Wall Street* (New York: Simon and
　Schuster, 1929 A.C. [After Crash]), p. 31.

在芝加哥的 La Salle 街有男孩放起了鞭炮。也有像野火一樣的傳聞四竄,「有一批歹徒的融資交易戶頭被凍結,所以準備轟炸 La Salle 街。」有好幾輛巡邏警車飛馳而至,前來制止歹徒的舉動,要他們像老實人一樣認賠了事。在紐約哈德遜河岸,有一個佣金商的屍體被撈上岸來。他的口袋還有9.40美元的零錢和幾張保證金催繳單。

7

10月31日星期四,紐約證券交易所在僅僅開市3個小時之內,成交量超過了700多萬股,而市場又有了不錯的表現。《紐約時報》工業指數上漲21點。根據聯準銀行的週訊,經紀人放款下降10幾億美元,是有紀錄以來最大的週降幅。保證金額度也下降到25%。現在,聯準銀行把重貼現利率從6%降到5%,同時透過公開市場大量買進債券,降低利率,並且增加信用的供給。景氣的泡沫已經破裂,原先考量的抑制措施,現在轉成激勵市場的政策。在所有這些好兆頭之下,股市一連休了星期五、星期六和星期日三天。其實這三天他們並沒有真正休息。證券公司的員工天天加班,交易所的大廳也為完成交易和糾正無數的誤解和錯誤而開放。值得一提的是,星期五來到訪客走道的人幾乎無法分辨交易所是否休市。

週末傳來一個壞消息。星期六公布了明尼亞波里斯

（Minneapolis）的佛謝（Foshay enterprises）公司2,000萬美元的破產案。佛謝大約在美國12個州、加拿大、墨西哥和中美洲擁有公用事業群，以及其他的旅館、麵粉廠、銀行、製造和零售企業。32層的方尖塔是該公司的象徵，仍然矗立在明尼亞波里斯的土地上。8月時，國防部長詹姆斯・古德（James W. Good）才剛以隆重的儀式為其舉行開幕典禮。（古德部長稱它為「美國西北部的華盛頓紀念碑」。）[5] 佛謝幾乎純粹出於技術的考量，在這個值得慶祝的時期宣布破產。原先它的生存取決於能繼續向民眾賣出股票的能力；股市崩盤之後切斷了這方面的收入，讓它只能依靠企業本身微薄的營收。

其他方面都傳來好消息。通用汽車公司的總裁小艾佛烈德・史隆（Alfred P. Sloan, Jr.）發表談話：「經濟情勢是健全的。」福特汽車公司宣布降價，他們強調的是相同的信念：「……我們認為此舉是可以確保經濟持續發展最好的方法。」敞蓬小客車（Roadster）由450美元降到435美元；熱帶鳥（Phaeton）由460美元下降到440美元；鈦星（Tudor Sedan）轎車由525美元下降到500美元。在交易所休市的三天裡，各家報紙不斷報導買盤紛至的消息。而由某種無法斷定的解釋，這些報導甚至比上個星期的

5　*Investment News*, October 16, 1929, p. 538.

消息更有說服力。畢竟，股市是在兩天極佳的回升之後才休市的。《巴隆》金融週刊指出，現在可以相信股票販賣以前的希望與浪漫。星期一，商業國家銀行信託公司（Commercial National Bank and Trust Company）在《紐約時報》上以5欄的篇幅刊登了一則廣告，「……我們堅信全國工商業的情勢，基本上是健全的，而且並沒有實質上的損傷。」

當天，股市又出現恐怖的暴跌。

8

週末期間金融圈幾乎對他們齊心的努力而沾沾自喜。報紙形容華爾街的專業人士對星期一股市的反應是嚇呆了，簡直無法相信會是這樣的結果。當天的成交量小於上個星期，但是仍然有600萬股以上。大盤非常疲弱，有些個股大幅下挫。《紐約時報》工業指數當天下跌22點。單單與上星期相比，這種情形非常糟糕。尤其是大家原先還對當天的投資滿懷期望，結果卻是最讓人傷心。

各種解釋眾說紛紜。有傳言說，「有組織的支援」其實是在賣股票。拉蒙特在接受訪問的時候，替這個現已結束的事件加上了一個小小的註腳。他說他並不知道「有組織」的支援其實並沒有強大的約束力。最有道理的解釋是：所有的人都興高采烈，除了民眾之外。就如一向以來

的狀況，這個週末是大眾思考的時刻。經過思考之後，大家覺得前景悲觀，於是做了賣出的決定。所以，就像其他的星期一一樣，無論表面的現象如何振奮人心，賣單仍如排山倒海般湧來。

　　現在也很清楚的是，一度被視為高股價的支撐和防止崩跌的內建機制的投資信託，如今成了股市疲軟的真正原因。就在兩個星期以前，人們表現出淵博的知識、熱切談論槓桿的操作，現在完全產生相反的作用力。它以迅雷不及掩耳的速度，減除投資信託公司手中普通股的價值。就像前面所提過的一樣，一個典型的小型投資信託公司是值得思索的。假設這個投資信託公司在10月初的時候，民眾手中持有該公司市值1,000萬美元的證券，其中一半是普通股，另一半是債券和優先股。這些證券的價值全部依據民眾持有的證券現值。換句話說，投資信託的資產組合為市值1,000萬美元的證券。

　　到了11月初，這些投資組合的市值已經跌了一半。（其中許多家的股票，以後來的標準評估，其價值仍相當可觀。11月4日，AT&T的股票仍有233美元，奇異是234美元，而美國鋼鐵是183美元。）新的組合價值是500萬美元，只相當於先前債券和優先股的總值，普通股已經變成壁紙。除了曾經有的樂觀期待之外，這些普通股已經分文不值。

　　這種好似等比級數的打擊並非特例，而是任何操作槓桿的投資信託公司都會發生的現象。到了11月初，投資信託公司手中的股票實際上大多已經賣不掉。更糟糕的情況是，有許多股票轉移到場外市場上交易，那裡的市場比較小，投資人更少。

　　歷史上從來沒有任何一刻像那幾天一樣，有那麼多的人那麼緊急地需要那麼多的資金。凡是被市場「卡」住的人，都讓債權人得以像蝗蟲一樣將他鎖定。那些無法應付保證金催繳令的人，想要賣掉手中的一些股票，以便能保住其餘的資產，然後伺機翻身。但是現在這些人發現，他們手中投資信託的股票不但賣不到好價錢，其實根本已經分文不值。因此，他們被迫賣出手中的績優股票。像美國鋼鐵、通用汽車和AT&T這樣優秀的公司，其股票在市場上以不正常的巨量被脫手，對股價產生前面已經充分展現的影響。投資信託的泡沫已經破裂，而且以格雷欣法則（Gresham's Law）──劣股驅逐良股的方式展現在眼前。

　　投資信託公司龐大的現金所產生的穩定作用，也塑造了一個海市蜃樓。這年初秋，投資信託公司持有大量的現金和流動資本。許多信託公司被短期同業拆款市場上可觀的收益所吸引（投機的機會已經縮減，擁有投資信託公司股票的人，實際上是借錢給公司進行投機），現在，由於槓桿作用產生了反作用力，信託公司的高層關心的是自己

公司股價的崩解，而不是大盤的走勢。信託公司彼此大量互相投資。結果，藍嶺公司股價的下挫波及仙納度，而仙納度的崩盤對高盛貿易的影響更是可怕。

在這種情況下，許多信託公司運用手中可支配的現金，全力購買自己公司的股票。然而此一時也彼一時也。當初大家瘋狂搶購股票時，信託公司也買進（就像高盛貿易公司所做的），就會哄抬股價。而現在民眾急著想脫手，信託公司的現金出去了，回來的是股票。股價要不是沒有明顯的波動，要不就支撐不久。6個月前還是相當聰明的理財策略，現在已成了一種財務上的自殺行為。所以一家公司購買自己的股票（庫藏股），與銷售股票正好相反，而公司的成長靠的是後者。

然而這些事情都無法黑白立判。如果一個人過去是個金融天才，那麼別人對他的信心也不會一下就消失。對於被打垮但還沒有認輸的天才來說，支持自家公司的股票仍然是一個大膽、有效和富於想像力的努力方向。的確，這似乎是緩慢但必定會毀滅的唯一選擇。因此，只要現金足夠，信託公司的管理階層就會選擇更快、但同樣是必死無疑的方案。他們不斷買進自家一文不值的股票。人們常常在各種情況下被別人欺騙。1929年的秋天，也許是人們第一次大規模地成功欺騙自己。

是該描述這次危機最後幾天的情形了。

9

11月5日星期二是選舉日，股市休市一天。在紐約州州長的競選中，民主黨現任州長詹姆斯‧華克（James J. Walker）以壓倒性的勝利打敗了共和黨的候選人——被民主黨人指責為社會主義者的拉瓜迪亞（F. H. La Guardia）。巴布森（Roger Bobson）在一篇聲明稿中呼籲人們要保持冷靜、分辨力、有理智的勇氣和傳統的判斷力。星期三股市重新開市，準備只開市半天，而這是第一天。這些是上星期討論是否要關閉股市時的結果。就在短短的3個小時之內，成交量就接近600萬股，換算成全天的交易量相當於1,000萬股。股市再次出現病態的下挫。美國鋼鐵的股票以181美元開盤，經過像某家報紙所謂的「下降狂熱」（feverish dips），收於165美元。奧本汽車（Auburn Automobile）下跌了66點；奧的斯電梯（Otis Elevator）下跌了45點。《紐約時報》工業指數當天下跌了37點，比8天前那個可怕的星期四只少跌了6點。依照這種情形下去，谷底將深不知處。

市場外又傳來令人心神不寧的消息，經濟的基本面似乎正在惡化。與前一年相比，這個星期的裝車數嚴重下降，鋼鐵的價格明顯低於上星期。更嚴重的是，衰退已經蔓延到商品市場。前幾天，商品市場還可以同情股市的遭

遇，到了這個星期三，商品市場自己也身陷泥沼。與幾個星期來龐大的交易量相比，棉花的成交量銳減。在中午時分，小麥的價格直線下墜，有人稱小麥市場也出現了「恐慌」。

星期四，股市穩健向上，但是星期五出現小幅回檔。接下來投資人又有一個週末可以思考。這一次沒有人談論買單湧入的情形。事實上，幾乎沒有任何好消息出現。11月11日星期一，股市又出現急劇的下挫。在接下來的兩個交易日，成交量很大——交易所仍然維持每天開市3小時，而股價下滑的情形更嚴重。在11月11日到13日這三天裡，《紐約時報》工業指數又下跌了50點。

在股市崩盤的這一段期間，這幾天無疑是最悲慘的。「有組織」的救援失敗，甚至「有組織」的安撫也被人唾棄。大家想得到的只有嘲諷的幽默。值得一提的是，西聯匯款（Western Union）在這個星期發出的保證金催繳令上都附有這樣的一張小紙條：「美國人慶祝感恩節的方式：請別把催繳單和感恩節的賀電忘在家裡。」據說紐約市區飯店的服務台人員甚至會詢問客人，他們是要住宿還是跳樓的房間。有兩位男士手牽著手從麗池大飯店（Ritz）的高樓層跳下；他們兩人在銀行開的是聯名帳戶。《華爾街日報》現在成了讀者的聖經，它說：「我實實在在地告訴你們，就讓市場的恐懼成為生活的習慣，並且聽從債券業

務員的勸告。」《紐約時報》財經版的編輯，現在似乎對股市的崩潰感到滿意，或甚至覺得有些過了頭，他說：「也許在這一代人之中，再也沒有人會提到『健康的反應』這個字眼。有許多跡象顯示，它已經完全過時。」

第7章

後果（一）

　　黑色星期四之後的一個星期左右，倫敦的大眾報幸災樂禍地報導紐約市區的情形。投機客從窗口往下跳，行人機警地在墜樓身亡的金融家屍體間穿行。《經濟學人》（*The Economist*）駐美的記者在為該報撰寫的一篇專欄文章裡，憤怒地抗議這種憑空杜撰的慘狀。

　　在美國股市崩盤之後，自殺潮也成了1929年傳奇的一部分。事實上，根本就不是如此。1929年的前幾年，美國的自殺率就逐漸上升，1929年當年仍繼續升高，而到1930、1931和1932這三年又升得更快——在這幾年，除了股市以外，還有許多其他問題導致人們認為生命不再值得留戀。根據統計資料，紐約的自殺率只略高於全美的平均自殺率。一般人都會以為紐約因位於震央，所以自殺的機率自然比別人高得多。由於自殺的傳言根深蒂固，因此有必要提供詳細的數字：

1925～1934年每十萬人中的自殺人數		
年份	登錄地區*	紐約市
1925	12.1	14.4
1926	12.8	13.7
1927	13.3	15.7
1928	13.6	15.7
1929	14.0	17.0
1930	15.7	18.7

1931	16.8	19.7
1932	17.4	21.3
1933	15.9	18.5
1934	14.9	17.0

* 所謂登錄地區是指死亡人數有呈報政府單位的地區。

資料來源：*Vital Statistics: Special Reports*, 1-45, 1935 (Washington: Department of Commerce, Bureau of the Census, 1937)。

　　由於股市崩盤發生在1929年的年底，自殺人數可能在10月底增加，但是因為已經接近年底，所以還不足以影響1929年全年的統計數字。不過，根據1929年逐月的死因統計資料顯示[1]，10月和11月的自殺人數相對較少——10月，全美自殺人數為1,331人，11月1,344人。只有在1月、2月和9月這三個月自殺的人數較少。在夏季的時候，當時股市表現不錯，自殺率反而較高。

　　我們只能猜測自殺潮產生的原因。就像酒鬼和賭徒一樣，破產的投機客也被認為具有自殺的傾向。當時這樣的人為數不少，報紙和民眾自然就會產生如此的推論。另外，針對發生在其他時間的自殺案件，我們會問：「你認

1　感謝美國「衛生教育福利部」（Department of Health, Education and Welfare）的人員為我追蹤這些數字。資料來自：*Mortality Statistics*, 1929 (Washington: Department of Commerce, Bureau of the Census)。

為他為什麼這樣做？」而現在，詢問自殺的動機又會自動
變成：「可憐的傢伙碰上了大崩盤。」最後，值得注意的
是，雖然自殺率並沒有在崩盤的月份或是在 1929 年一整年
裡大幅上升，自殺人數的確在往後蕭條的歲月裡攀升。根
據過去的經驗，這樣的悲劇有時候要到股市崩盤後一、兩
年才會發生。

　　由這些證據顯示，報紙和民眾只是抓住這些自殺事件
來解釋，人們會在遭遇不幸的時候必然做出這樣的反應。
但唯有在發生很多與股市崩盤相關的自殺事件，才能做這
樣的認定。在黑色星期四之後，有關殘忍了斷自己的故事
開始經常出現在報端，奇怪的是，有另一種不同的傳言甚
囂塵上，很少有人採用傳統跳樓的自殺模式。有一個想要
自殺的人跳進司庫基爾河（Schuylkill River），不過他一跳
進去就改變了心意，結果被人撈上岸。羅契斯特瓦斯電力
公司（Rochester Gas and Electric Company）的老闆開煤氣
自殺。另一個「烈士」往自己身上潑汽油，自焚而死。不
但他把自己從保證金催繳令中解脫，也把太太給帶走了。
還有賴爾頓（J. J. Riordan）的自殺事件也很引人注目。

　　賴爾頓自殺的消息成了 11 月 10 日星期天報紙的頭條
新聞。各家報紙不但明顯意識到，這不只是一條死訊而
已，特別的是它公布的方式。賴爾頓是紐約民主黨一個頗
有知名度且受歡迎的人。他曾經擔任華克市長和艾爾・史

密斯（Al Smith）競選班底的財務主管，他和史密斯是好朋友也是生意上的夥伴。艾爾‧史密斯則是剛成立的康迪信託公司（County Trust Company）董事會的成員之一，而賴爾頓是這家信託公司的總裁。

11月8日星期五，賴爾頓來到自己的銀行，從出納室拿了一把手槍，回到家裡飲彈自盡。艾爾‧史密斯得知消息之後，他的悲痛並沒有因為知道會引發銀行的擠兌而稍減。找來法醫驗屍，一直拖到第二天中午（星期六）才發布消息，接著週末銀行停止營業。這是一段漫長的守靈期。這些著名的弔唁者，一隻眼睛看著遺體，另一隻眼睛盯著時鐘。

法醫原先暗示，他延後發布消息是出於對康迪信託公司存款人深重的責任感，這是需要高度的謹慎。由此推斷，這就表示任何死亡都必須先請醫生衡量過它可能引起的財務效應。後來，人們心照不宣地承認，這些是出於史密斯的決定。史密斯當時有何等的威望──大家的緊張情緒也非同小可──他的決定並沒有受到質疑。

有一段時間，傳說賴爾頓是因為股市的崩盤而自殺身亡。後來，他的朋友一致替他辯解。有一些人堅持斷定他從來不曾涉入股市。後來由參議院的委員會調查股市的報告中顯示，他曾經介入股市甚深。但是，在對他的銀行快速進行檢查之後，卻發現這家銀行的資產完全未受影響。

這個真相在週末傳了開來，紐約市政府大膽宣布，這家銀行的存款完好無損。這有點像是在開玩笑說，這家銀行仍會與坦曼尼協會（Tammany Hall，編註：成立於1789年，是民主黨的政治機器，在1790～1960年代間操縱紐約的政治）總部保持友好關係。拉斯科布臨時接下銀行代理總裁的職務，擠兌的情形並沒有出現。教會認為賴爾頓是一名天主教徒，由於一時的精神錯亂而自殺身亡，因此可以葬在聖地。當時賴爾頓的名譽送葬者有艾爾·史密斯、赫伯特·李曼（Herbert Lehman，編註：美國政治家、民主黨成員，曾任紐約州州長、美國參議院議員），以及約翰·拉斯科布；參加賴爾頓葬禮的還有法蘭克·海格（Frank Hague）市長、文森·阿斯特（Vincent Astor）、葛洛夫·惠倫（Grover Whalen，編註：1886～1962，在1930～1940年代是紐約市著名的政治家、商人及公共關係大師）、詹姆斯·法利（James A. Farley，編註：1888～1976，美國政治家，曾任小羅斯福總統選舉時的競選經理），以及股市作手米漢（M. J. Meehan）。

　　兩年半之後，1932年3月12日星期六當地時間上午11點，伊瓦·克魯格（Ivar Kreuger）在他巴黎的公寓舉槍自盡，距離紐約證券交易所收盤還有6小時。透過巴黎警方的協助，克魯格自殺身亡的消息一直到收盤後才發布。後來國會的聽證委員會對此延遲提出嚴厲的批評，而艾爾·

史密斯過去操弄新聞的行為被當成辯解之詞。在克魯格這
件事上，還應該補充一點，巴黎警局的安全體系並非完美
無瑕。有一點可以肯定的是，那天上午歐洲的同業大肆拋
售克魯格和托爾公司（Kreuger and Toll）的股票。[2]

在許多方面，股市崩盤對挪用公款的影響遠遠大於其
對自殺的影響。對於經濟學家來說，挪用公款是一種最值
得研究的犯罪行為，各種形式的盜用行為都有時間的因素
在內。在犯罪當下到事跡敗露之間可能長達幾星期、幾個
月或者幾年。（順道一提，在這段時間裡，挪用公款的人
享受犯罪所得，奇怪的是，被挪用者並沒有感覺到自己的
損失，這中間精神上的福祉就有淨成長。）在任何一個特
定的時間點，全國的商業界和銀行內都有（或許應該說沒
有）未發現的挪用公款的情形。這個數額可能高達好幾百

2　*Stock Exchange Practices*, January 1933, Pt. 4, p. 1214 ff。星期五和
　星期六的賣壓很重，但是根據證券交易所當時的資料，這兩天的
　紀錄並沒有分開。克魯格自殺時，克魯格和托爾公司（Kreuger
　and Toll）美國方面的負責人杜蘭先生（Mr. Donald Durant）當時
　正在巴黎，於是打電報給他合夥的李希金森公司（Lee, Higginson
　and Company）。這家公司是克魯格美國方面的投資銀行，對這
　個死訊的回應非常小心謹慎。同前，第1215-16頁。

萬美元，金額的多寡依經濟的景氣循環而異。在景氣好的時候，人們會比較放鬆警戒心，容易相信別人，而且手頭也比較寬裕。但是，即使手頭寬裕，也總是有人需要更多的金錢。在這種情況下，挪用公款的情形就會增加，而被發現的機會就下降，挪用金額則會迅速上升。在經濟蕭條的時候，情況則正好相反。人們眯著眼睛，用懷疑的眼神緊盯著自己的荷包。經手財務的人，除非他能夠證明自己的清白，否則就容易被認為是有問題的人。查帳者的眼光銳利，而且小心謹慎；商業道德因此大幅提升，挪用公款的情形大幅下降。

　　股市的景氣以及隨之而來的崩盤導致這些正常的關係嚴重受創。在景氣好的時候，除了房屋、家庭和消費方面需要金錢之外，在股市做投機買賣或是應付保證金催繳令也需要大量的資金。通貨在市面上流竄，大家手頭特別寬鬆，因此也特別容易相信別人。一個相信克魯格、霍普森和英薩爾的銀行總裁，顯然不可能懷疑自己一輩子的朋友──銀行的出納。在二〇年代末期，挪用公款的情形急速增加。

　　就如景氣加速了股市行情躍升的速度，股市的崩盤又大大提高盜用公款被發現的機率。就在幾天之內，類似絕對的信任忽然變成絕對的懷疑。於是金融高層下令進行查帳，緊張的或心不在焉的行為都會引起別人的注意。最重

要的是，股價暴跌導致挪用公款買股票的員工無法變現。一旦盜用公款被發現之後，只好俯首認罪。

在股市崩盤大約一個星期之後，報紙天天報導員工違約的案件。這些事件比起自殺的新聞要多得多。有幾天，《紐約時報》上有關員工盜用公款的短文就占了一整欄，甚至還不止於此。盜用公款的金額大小不一，各地都有所聞。

當時最轟動的案件──可與賴爾頓自殺案相比──發生在密西根州福林特市的聯合工業銀行（Union Industrial Bank of Flint, Michigan）。涉案的總額龐大，並且隨著案情的調查如滾雪球般增加。當年底，根據《文學文摘》的報導，挪用金額高達3,592,000美元。[3]

一開始，這件盜用公款案的人都是單線進行，彼此互不相識。銀行的一些員工於是開始搬錢。漸漸地，他們發現對方的犯罪行為，由於不可能互相揭穿對方的行徑，於是乾脆沆瀣一氣。這家銀行最後查獲12名涉案人員，甚至包括銀行所有的高級主管。他們的組織嚴密，銀行的查帳人員剛下榻當地的旅館，馬上就有人向他們通風報信。

大部分被挪用的資金仍留在銀行裡，貸放給紐約的同業拆款市場。資金準時匯往紐約，隨後又立即轉回銀行，

3　1929年12月7日。

從帳面上看來資金並沒有流出去。然後，被挪用的資金又再一次匯往紐約，投入股市。1929年春天，這夥人挪用了大約10萬美元。後來，不幸的是，正當夏季股市一飛衝天的時候，他們卻做空。等他們回過頭來做多時，正好是股市崩盤，為此他們付上了沉痛的代價。不消說，股市的崩盤對他們是致命的打擊。

秋季的每一個星期，他們的處境每況愈下。他們之中大多數人都只是市井小民，原本只想到股市賭點運氣，結果卻越陷越深。後來，他們還有更多出名的同路人。股市崩盤的結果，股價嚴重縮水，導致克魯格、霍普森和英薩爾等人挪用他人資金從事投機買賣的事曝光。如果美國經濟能夠持續充分就業和繁榮，那麼查帳人員眼中就會覺得公司營運良好。不景氣的作用之一就是暴露出查帳人員沒能發現的問題。白芝浩（Bagehot）有一次說：「每一次嚴重的危機，都暴露出許多在此之前未受懷疑的公司過度投機的行為。」[4]

3

1929年11月中，股市終於停止崩跌──最起碼停止了一陣子。股市於11月13日星期三來到谷底。當天，《紐約

4　*Lombard Street*, page 150.

時報》工業指數報收在224點，與9月3日的452點相較，跌掉一半多。如果與兩個星期以前約翰‧洛克菲勒宣布和他的兒子買進股票時的指數相較，下跌了82點，大約跌掉了四分之一。11月13日，又有一個洛克菲勒的故事在流傳。據說，洛克菲勒家族以每股50美元的價格買進100萬股紐澤西州標準石油公司（Standard Oil）的股票。在11月剩下的幾天和12月份，股市緩慢上漲。

　　股市崩盤終於走完它的路。不過，下跌的終止正好碰上最後一次安撫人心的行動。沒有人能夠肯定地說這樣做沒有效果。其中有一部分是紐約證券交易所宣布對放空交易展開調查。當然，在前幾個星期就有空頭大賺的傳聞。一般人都知道「他們」是誰，當初曾經哄抬股市上漲，現在惡意打壓股市，企圖從別人的災難中發財。在股市崩盤的頭幾天，大家普遍相信一個波士頓的放空老手（其中當然也有誇張的成分）傑西‧李佛摩（Jesse Livermore），率領一個集團，放空股票。傳聞甚囂塵上，連很少會在乎公眾輿論的李佛摩也不得不正式發表聲明，否認自己曾經參與任何放空的行動。「本人只在股市做一些小型交易，」他如此辯解，「而且都是個人行動，並且會持續這樣做。」早在10月24日，當時還沒有現在這樣保守的《華爾街日報》抱怨：「市場上有許多人在放空、許多人被迫賣出，或是讓市場陷入泥沼的放空。」現在，紐約證券交易所想要消

除這樣的猜忌，根據後來的調查並無任何結果。

　　另一項更重要的安撫行動是來自胡佛總統。根據推斷，胡佛總統還是對股市的命運冷淡以對，但是他不能不關心許多已經公布的經濟基本面，因為都已經每況愈下：商品的價格不斷下跌，鐵路運輸量、鋼鐵、煤炭和汽車的產量都在下降。所以最後導致工業生產總指數下降。確實，目前下降的速度遠大於第一次世界大戰以後發生大蕭條的1920～1921年。在消費者購買力的下降方面，尤其是昂貴的奢侈品，有許多讓人擔心的傳聞。據說，自股市崩盤以來，紐約市收音機的銷售量減少了一半。

　　胡佛總統所採取的第一個步驟正是約翰‧梅納‧凱因斯（John Maynard Keynes）後來出版的著作中所提到的手段。正如凱因斯和凱因斯主義者們所建議的方法，胡佛總統宣布減稅。個人和公司的所得稅稅率各下降一個百分點。如此，一個收入4,000美元、無扶養人的一個家庭成員，可以少繳三分之二的個人所得稅。收人5,000美元的個人也可以享受同樣的減免額。一個收入10,000美元、無扶養人的已婚男性可減免一半的個人所得稅。減稅幅度不可說不大，但是效果非常有限。因為減稅對大多數人來說已經無關緊要。年收入4,000美元的單身男性，其稅負從5.63美元降到1.88美元；年收入5,000美元的單身男性，其稅負從16.88美元降到5.63美元；年收入10,000美元的單

身男性，其稅負從120美元降到65美元。不過儘管如此，減稅對於提高購買力、擴大企業投資和恢復消費者信心上，還是有一定的作用。

胡佛總統還召開了一系列的經濟情勢會議。在11月的下半個月裡，胡佛總統輪流接見工業領袖、鐵路主管官員、大型公用事業的負責人與重要建設公司的老闆，以及工會領袖與農會的領導人。每一場會議的進行過程大致相同，與總統正式會面。與會者和總統合影留念，會後再開記者會，發表對商業前景的看法。毫無意外的，與會者當然一面倒的說好話。11月21日召開由工業鉅子領軍的會議：亨利‧福特、華特‧蒂格爾（Walter Teagle）、歐文‧揚（Owen D. Young）、小艾佛烈德‧史隆、皮耶‧杜邦（Pierre du Pont）、華特‧吉福特（Walter Gifford）和安德魯‧梅隆（Andrew Mellon），會後大家紛紛表示堅定的信心，就連與會的朱利斯‧羅森瓦德（Julius Rosenwald）也說，他擔心很快就會出現嚴重的勞力短缺。

公用事業、鐵路和建設公司的主管也同樣充滿信心，就連農會的領導人也比一般時候樂觀多了。後來他們轉述，他們曾告訴總統，「我們業界的士氣比前幾年好多了。」[5]

---

5 *Magazine of Wall Street*, December 14, 1929, p. 264. 下面提到福煦將軍在馬恩河的事也是出自同一處。

　　這是一次真正有組織有規模的安撫行動，當時引起一些熱情洋溢的評論。華爾街一名財經專欄作家開始撰寫「會議」的內情：「『把摩爾人（Moors）調到前線去！』這是福煦將軍（Marshal Foch）在馬恩河（Marne）展開第一役的時候所發布的命令……『把公司預備隊調到前線去！』是胡佛總統在股市崩盤後，接收到各方悲觀的情資之後發出的命令。」《費城記錄報》（*Philadelphia Record*）甚至把總統形容成「現代『政治工程學』最有權威的專家」。《波士頓環球報》（*Boston Globe*）說，全國人民現在都了解，「白宮裡的主人，現在並不相信趨勢分析，而是相信統治技巧。」[6]

4

　　然而如果認為胡佛總統僅僅致力於安排更進一步的安撫動作，對他來說是很不公平的。他同時還採用了美國人生活中最古老、最重要——但很不幸，也是最不被理解——的慣例，就是開會。召開這種會議不是要做事，而是不要做事。直到今天我們仍然承襲這種習慣。這個問題值得我們花一點時間來研究。

　　在碰到事情的過程中，人會因很多原因聚集在一起。

6　兩則評論皆來自於 *The Literary Digest*, November 30, 1929.

他們需要互通消息，或是說服彼此。他們必須就某種做法達成一致的協議，他們發現公開討論比個人私下苦思更有效率且更愉快。但是至少開會不處理事情是有很多原因的。有的時候，開會只是為了找尋志同道合的人，或者至少能夠逃避個別的責任。他們渴望能夠得到主持會議所擁有的威望，這促使他們召集一群人參加自己所主持的會議。最後，召開一些這樣的會議不是因為有問題需要解決，而是要營造一種正在解決問題的假象。這樣的會議不但能取代行動，而且普遍被認為其本身就是一種行動。

事實上，「無事會議」當中並不打算處理問題，而此舉並不會讓與會者難堪。有許多方法可以化解這樣的不快。因此，熱衷於這種會議的學者便替自己辯解，宣稱開會的目的是要思想交流。對他們來說，思想交流絕對是件好事，因為凡是有思想交流的會議都是有用的。這樣的說詞聽起來幾乎無懈可擊，因為你很難找到沒有思想交流的會議。

業務員和業務經理都是這種無事會議的重要參與者，通常他們總有各種不同的理由開會，而其中的一個理由具有很濃厚的精神意義。透過同志的激勵、彼此的相互影響、酒精的刺激和語言的靈感，大家就可以重拾對日常工作的熱情。開會可以產生更高的價值，未來的幾個星期和幾個月商品的銷售會提升。

　　大企業的主管召開無事會議的動機在於，他們對問題有完全不同的認知，需要一起討論研究。不是為了思想交流或是得到同儕的精神鼓勵，而是要得到成功召集會議所產生地位重要的感覺。即使會中沒有任何重要的談話或解決任何重要的問題，重要人物不可能在看似不重要的狀況下召開會議。即使是大公司領導人的報告平淡無奇，仍然是領導人的報告；內容上的空洞可以用權力來填補。

　　無事會議幾乎成了胡佛總統擺脫他在1929年秋天所面臨困境的絕佳工具。除了適度減稅之外，胡佛總統很明顯不願意政府採取任何大規模的行動，以遏止不斷嚴重的蕭條，而且當時也不確定能做些什麼。不過到了1929年，大眾對於自由放任政策的信心已經大為降低。沒有一個負責任的政治領袖能夠放心宣布無為的政策。白宮召開的無事會議，實際就是在實行放任政策。政府沒有展開任何積極的行動，卻又同時給人認真努力的印象。籌畫這些會議的討論，就是為了保證不會因為沒有解決問題而產生任何難堪。人們依據與會者的身分來判斷會議的重要性。報紙也會採取配合的態度，強調會議的重要性，否則就會影響會議的新聞價值。

　　近來，白宮召開的無事會議都是由州長、工業家，以及商業、勞工和農業方面的代表參加，幾乎成了政府的常設機構。在一個健全、功能正常的民主體系裡，在不可能

採取行動的時候佯裝採取行動的技巧是不可少的工具。
1929年胡佛在這塊公共行政領域裡算是個拓荒者。

　　隨著蕭條衰退的加深，據說胡佛召開的會議並不成
功。這顯然反映了一種很狹隘的觀點。

5

　　1930年1月、2月和3月，股市大幅反彈。到了4月，
反彈失去了動力。6月，股市又大幅下挫。此後，除了幾
個例外的情況以外，股市日復一日、月復一月、年復一年
地下滑，一直到1932年6月為止。等到股市最後終於止住
下跌，這時的指數與崩盤時相比，後者是值得留戀的。
讓我們回顧一下，1929年11月13日，《紐約時報》工業
指數收224點，1932年7月8日只剩下58點，這個數字與
1929年10月28日當天的跌幅差不了多少。而紐澤西標準
石油的股價，據說1929年11月13日洛克菲勒認為最低不
會跌破50美元，到了1932年4月20日跌破20美元。7月
8日，標準石油的股價是24美元。同一天，美國鋼鐵跌到
了22美元的低價位。1929年9月3日，它曾經高達262美
元。通用汽車的股價由1929年9月3日的73美元下降到
1932年7月8日的8美元；而蒙哥馬利從138美元跌到只剩
4美元。AT&T的股價從1929年9月3日的304美元，跌到
了1932年7月8日的72美元。Anaconda公司1932年7月8

日的股價只有4美元。《商業金融時報》（*Commercial and Financial*）的觀察是：「銅業的股價已經低到其波動幅度不代表任何意義的地步。」[7]

不過，相較之下，這些績優公司的股價還算有人支撐。投資信託公司的情況就要惡劣得多了。到1932年7月8日這個星期為止，藍嶺信託的價格只有63美分，仙納度只有50美分，而聯合創業和美國創業1929年9月3日分別為70美元和117美元，兩者最後只剩下大約50美分。1929年11月預期投資信託會變得一文不值的恐懼，大致上已成了現實。

沒有人會再發表「經濟的基本面是健全的」這樣的聲明。在1932年7月8日這週，《鐵器時代》（*Iron Age*）報導，鋼鐵的交易只達到產能的12%，這可能是鋼鐵交易的一項紀錄。生鐵的產量跌到1896年以來的最低點。這一天，紐約證券交易所的總成交量只有720,278股。

在所有這一切過去之前，還有為安撫做了許許多多的努力。在股市崩盤後的幾個星期裡，胡佛總統還很明智地說：「根據我的經驗，在經濟動盪不安的時期，言論沒有多大的意義。」這條堅定的原則後來被他給遺忘了。到了1929年12月，他在國會發表演講，宣稱他已經採取必要

7　1932年7月9日。

的行動——特別是在白宮召開的無事會議，已經「重建民眾的信心。」1930年3月，他接受屬下一系列樂觀的預估後，又發表談話，表示股市崩盤對就業所造成最嚴重的影響，預計在60天以後就會結束。5月，胡佛總統再次發表言論，他本人深信「我們現在已經度過了最黑暗的時期。只要我們持續共同努力，很快就會回到常軌。」5月快結束時，他又說，經濟情況到了秋天就會恢復正常。[8]

也許最後有關於安撫人心的政策，是由共和黨全國委員會主席西米恩・費斯（Simeon D. Fess）說出的：

> 共和黨的高層人士開始相信，有某種在進行中的勢力，利用股市當成打擊行政團隊的手段。每次只要某位政府官員發表有關經濟情勢樂觀的言論，股市就會立刻下挫。[9]

8　Frederick Lewis Allen, *Only Yesterday*, pp. 340-41.

9　引用自 Edward Angly, *Oh, Yeah!*, p. 27, from the *New York World* October 15, 1930.

第 8 章

後果（二）

股市崩盤驚醒了數十萬美國民眾發財的美夢，但是對名人不利的影響則是顯現在名譽上。在這些人當中，他們的智慧、遠見，不幸的是還有誠信的名聲都嚴重受到打擊。

就整體而言，凡是在股市崩盤期間聲稱經濟「基本面健全」的人，後來說話的可信度都大大降低。大家都認清他們的言論只是為了應付公開場合的需要。現在沒有人再認為這些公眾人物真的知道經濟情勢的現況，唯一例外的是胡佛總統。由於他反覆預告景氣即將復甦，民眾的期待不斷落空，造成他的信用岌岌可危。不過，胡佛把安撫人心的簡單儀式，變成一種重要的公共政策工具，結果它當然成為政治評論的標靶。

學術界的預言家們也稱不上幸運。大體而言，人們非常珍惜一點，就是發現他們並非無所不知。勞倫斯先生離開了普林斯頓大學，後來在經濟學家當中，再也聽不到他的評論。

回憶當時的情景，股市崩盤的那年夏天，哈佛經濟學會因為持悲觀的論點而名聲大噪。但是，就在那個夏天，股市持續攀升，經濟情勢似乎顯得不錯的時候，他們放棄了這樣的立場。11月2日股市崩盤以後，哈佛經濟學會斷言，「這次不論是股市還是經濟的衰退，都不是蕭條的徵兆。」11月10日，該學會做出它有名的預測：「發生

像1920～1921年那樣嚴重的蕭條是不可能的。」11月23日又重申他們的判斷，並在12月21日發表對新的一年的預測：「未來似乎不可能發生蕭條；我們預計明年春天經濟會復甦，而且一直會持續改善到秋季。」1930年1月18日，該學會又發表看法，「有跡象顯示這次衰退最壞的狀況已經過去。」3月1日又公布，「根據過去的收縮期來判斷，製造業現在確定已經往復甦之路邁進。」3月22日他們聲稱，「前景仍然是有利的。」接著在3月29日提出，「前景不錯。」4月19日又發表，「在我們去年11月和12月的通訊中，提到對春季復甦的預估，到5月和6月應該會確實出現。」5月17日接著公布，「這個月或下個月，經濟將會好轉，到了第3季或年底會超越一般的水準。」5月24日，他們提到，「經濟形勢會繼續證明5月17日的預測是正確的。」到了6月21日又說，「雖然還有一些混亂的現象」，很快就會改善的；6月28日，它提到，「經濟上的混亂和相互衝突的情形，應該很快就會被持續的復甦消弭。」7月19日他們指出，「雖然有頑強的因素延遲了景氣的復甦，不過有跡象顯示實質的進展仍然持續進行。」1930年8月30日，哈佛經濟學會宣布：「此次蕭條差不多氣數已盡。」此後，該學會變得較不像過去那樣滿懷希望。11月15日，它又提到：「我們現在接近蕭條的尾聲。」一年後，1931年10月31日，該學會又說：「在蕭條期，經濟穩

定是有可能的。」[1] 就連最後這幾次的預測還是相當樂觀。
後來，該學會準確無誤的名氣就逐漸下滑，最後落得走向
解散之途。從此，哈佛大學的經濟學教授們不再預測未
來，而重披過去謙遜的外衣。

　　歐文·費雪教授非常努力想要解釋自己預測失準的原
因。1929年11月初，他說整個事情根本是非理性的，因此
超越了可以預測的範圍。在一次前後矛盾的談話中，他提
到：「這是一種恐慌心理學，一種暴民心理學。首先，股
價並沒有高得不合理……股市下跌的主要原因是因為心理
因素，民眾認為股市下跌，所以又繼續下跌。」[2] 除了《商
業金融時報》以外，他的解釋很少引起他人的注意。《商
業金融時報》則單刀直入指出：「學問淵博的教授在談到
股票市場的時候，就像他過去的紀錄一樣經常失準。」接
著又加一句，「暴民沒有賣股票，而是被人出賣了。」

　　在這一年即將結束之際，費雪教授又試圖在他的
書《股市大崩盤及其紀事》（*The Stock Market Crash—and
After*）[3] 中辯解。他說，當時的看法並沒有錯，股市儘管略
低於以往，但仍然處於高原期。股市崩盤完全是一次重大

1　引述自當時的 *Weekly Letters*。

2　New York *Herald Tribune*, November 3, 1929. Quoted by *The Commercial and Financial Chronicle*, November 9, 1929.

3　New York: Macmillan, 1930. 之後的引言源自該書 p. 53, 289。

的意外。股市之所以會高漲「主要是因為人們對營收有健康、合理的期待。」他還解釋說,實施禁酒制度對提高企業的生產力和利潤,仍然是一個重要的因素;最後他總結道:「至少,在最近的將來前景是光明的。」這本書並沒有引起多少人的注意。預測失誤所導致的一個問題就是,在他最需要聽眾聽他解釋為什麼經常預測失準的時候,他卻會因為失誤而失去聽眾。

俄亥俄州立大學的戴斯教授卻毫無損傷地回到了學校,終身在其中就金融問題著書立作。

我們在這裡也應該記錄另一個幸運的結局。高盛公司挽回了因子公司的胡作非為而受損的名聲,恢復到以前誠信、謹慎的作風,後來還因經營證券業務嚴謹的態度而聞名。

2

紐約最大的兩家銀行——大通和國家城市銀行則飽受股市崩盤之苦。當然,這兩家銀行也受到紐約銀行家們普遍的痛斥,因為原先大家對有組織的支援滿懷希望,繼而又大失所望。不過,這兩家銀行由於自己的負責人是當時市場的重要抬轎人,所以遭遇了嚴重的不幸。

兩者相較之下,大通銀行還比較幸運。亞伯特‧威金雖然在不同時期擔任過大通的總裁、董事長和執行董事的

主席，他自己也進行投機買賣，而且還是個作手，不過他
的口風比較緊。在1929年和之前的幾年裡，他涉足了不
少令人驚訝的公司。1929年，身為大通銀行的負責人，
他擁有27.5萬美元的年薪。除了擔任大通銀行的負責人之
外，他還兼任大約59家公用事業、工業、保險和其他公
司的董事，並且從其中一些公司領取可觀的報酬。亞默公
司（Armour and Company）每年支付4萬美元，聘請他擔
任公司財務委員會的委員；而布魯克林曼哈頓運輸公司
（Brooklyn-Manhattan Transit Corporation）支付2萬美元的
津貼。另外，至少有7家公司每年支付給他2,000至5,000
美元不等的津貼。[4]智慧、名望甚至友誼並不是獲得這些報
酬的唯一因素。那些支付報酬的人通常是大通銀行的客戶
和未來的貸款人。不過，威金先生額外的興趣最不尋常之
處是擁有一批私人公司。有3家是私人的控股公司，其中2
家出於感情的因素，以他女兒的名字命名。而另外3家公
司則完全是因為非感情因素的稅收和保密的緣故設在加拿
大。[5]

　　這些公司讓他在股市上得以進行眼花撩亂的交易。在

4　*Stock Exchange Practices*, Report, 1934, p. 201-2.

5　*Stock Exchange Practices*, Hearings, October-November 1933, Pt. 6,
　　pp. 2877 ff.

1929年春天的一次交易中，一家以他女兒名字命名的公司謝爾馬（Shermar），與哈利・辛克萊（Harry F. Sinclair）和亞瑟・卡登（Arthur W. Cutten）共同參加辛克萊聯合石油公司（Sinclair Consolidated Oil Company）一項龐大的投資計畫。即使在那些對投資採取寬容態度的日子裡，就名氣響亮的銀行家來說，辛克萊和卡登也被認為是非常高調的一群。不過，這筆交易讓謝爾馬公司在沒有大量投資的情況下淨賺891,600.37美元。[6]

然而，威金先生最驚心動魄的操作還算是在大通銀行自家股票的交易上。這些投資都是由大通自己出資。在這次時機掌握得特別準確的交易中，謝爾馬公司於1929年9月23日到11月4日期間放空42,506股大通銀行的股票。（對於那些不懂放空的人而言，這筆交易事實上就是先向人借42,506股股票賣出，然後等到股價下跌，再低價買回同樣數量的股票，最後將股票還給借方。以低價買進的股票〔總是假設股價會跌〕所產生的利潤當然歸謝爾馬公司。）結果股價真的大幅下跌，放空者正確「預測」到股市的崩盤。1929年12月11日，以威金先生另一個女兒命名的默林（Murlyn Corporation）公司，向大通銀行和謝爾馬公司貸款6,588,430美元，再向大通銀行的子公司買

6　*Stock Exchange Practices*, Report, 1934, pp. 192-93.

入42,506股大通銀行的股票，用於抵銷謝爾馬公司的放空交易，也就是償還「股票的借貸」。這筆交易的利潤高達4,008,538美元，[7]而當時許多人的操作已經獲利很少。愛挑毛病的人也許會認為，這筆利潤是屬於大通銀行的，股票是銀行的，而且又是銀行的主管威金先生以銀行的資金進行的買賣。事實上，這筆交易的利潤都進了威金的口袋。後來，威金先生替自己辯護，銀行將資金貸給自己公司的主管，以進行對自己公司的投機買賣，這樣會對自己的機構有利。不過，按照這個道理，貸款用於放空會碰到一個難題：銀行的主管一方面希望對自己的公司有利；但是另一方面，他們又希望自己公司的股票下跌。面對這個問題，威金表示對主管是否應該放空自己公司股票存疑。

　　1932年底，威金先生請求不要再連任大通銀行執行董事會的主席，他已經是快65歲的人，他略帶誇張地說，他的「心思和精力都用在促進大通銀行的成長、繁榮和作用上。」[8]在大通銀行與公平信託公司（Equitable Trust Company）合併後，由溫斯洛普・艾爾德瑞奇（Winthrop W. Aldrich）接任。這家信託公司幕後的老闆就是洛克菲勒家族，他代表了嚴謹的商業銀行作風。該信託公司加入以

7　*Stock Exchange Practices*, Report, 1934, pp. 188 ff.

8　*Stock Exchange Practices*, Hearings, October 1933, Pt. 5, p. 2304.

後，評估威金先生並不需要留下來。[9]大通銀行執行委員會
「為了表達銀行對威金先生的一點義務」[10]，一致表決通過威
金可得到10萬美元的終身薪水。後來傳出來這個慷慨之
舉是出自於威金先生自己的主意。在威金先生退休後的幾
個月裡，參議院委員會詳細調查他的過去。艾爾德瑞奇承
認，他很驚訝前任負責人所經手的公司竟然如此複雜、內
情牽涉廣泛。他表示銀行表決通過終身薪水是一項嚴重的
錯誤，而威金先生後來退回了這份薪酬。

3

與國家城市銀行相比，大通銀行所面臨的問題只能是
很輕微的。威金先生是一個沉默寡言的人，有人形容他很
有學者的風範。國家城市銀行的負責人查理‧米契爾則是
個親切、外向的人，而且擅長炒作新聞。當時盛傳他是新
時代的頭號先知。

1929年秋天，華爾街傳說米契爾將辭去國家城市銀
行的職務。結果，他並沒有辭職。有關米契爾的謠言被
國家城市銀行董事、眾多瘋狂炒作的夥伴伯西‧洛克菲勒

9　艾爾德瑞奇後來告訴參議院委員（ibid., p. 4020），其意見與威金
　　先生的朋友不同，自然也與威金先生不同，這是常識問題。
10　*Ibid.*, p. 2302.

（Percy A. Rockefeller）形容成「任何有頭腦的人都會認為
太荒謬」[11]。在接下來的兩、三年裡，米契爾的消息就很少
出現。後來，在1933年3月21日晚上9點，他被助理檢察
官湯瑪斯・杜威（Thomas E. Dewey）逮捕，被控逃漏所
得稅。

　　有許多犯罪事實從來沒有經過認真的討論。就像威金
一樣，儘管米契爾有更多正當的理由，他也大肆炒作自己
銀行的股票。1929年是銀行整併的一年，米契爾是不會抗
拒這個趨勢的。當年秋初，他就已經完成與穀物交易銀行
（Corn Exchange）的合併案。兩家銀行的董事已經表示同
意此案，只等股東們的通過。穀物交易銀行的股東可以選
擇以一股穀物交易銀行的股票，換取五分之四股國家城市
銀行的股票，或是360美元的現金。國家城市銀行的股價
當時在每股500美元以上，因此穀物交易銀行的股東當然
會選擇換取國家城市銀行的股份。

　　然後接著就發生股市崩盤。國家城市銀行的股價跌到
每股425美元左右，而股價若低於450美元——五分之四
就相當等於360美元的現金，穀物交易銀行的股東就會選
擇換取現金。如果國家城市銀行要用現金買下穀物交易銀
行全部的股份，就得拿出大約2億美元。這筆金額實在太

---

11 *Investment News*, November 16, 1929, p. 546.

龐大，於是米契爾設法挽救這筆交易。他開始購買國家城市銀行的股票，在10月28日的這個星期裡，他向摩根公司借貸12,000,000美元，準備再購入更多的股票。（即使在當時，12,000,000美元對國家城市銀行和摩根來說都是一筆不小的數目。實際上只動用了10,000,000美元，其中4,000,000美元大約在一個星期之後就歸還了。摩根內部的一些合夥人對於這筆貸款頗有疑慮。）

收購的計畫失敗。就像其他人一樣，米契爾終於明白其中的差異：在人人都想賣股票的時候，要為一支股票護盤，與前幾個星期人人都想買進的時候，是何等的不同。國家城市銀行的股價不斷下滑，米契爾用光了他的子彈，只好宣布放棄。現在可不是虛張聲勢的時候，由於銀行管理階層的刺激，股東們頗有微詞，並且否決了這筆現在已經演變成災難的投資。無論如何，米契爾替公司留下了一筆積欠摩根的龐大債務。這筆債務是為了護國家城市銀行的盤，以及維持米契爾私人的資產所產生的。結果公司的股價嚴重縮水。到了年底，股價由500美元跌到了200美元左右，已接近摩根公司接受它做為抵押品的價格。

現在米契爾又要面對另一個災難。或者這樣說，一個早先認為的好事，現在卻成了災難。身為國家城市銀行的主管，米契爾的薪水不高，只有25,000美元。不過，銀行當時還有一種分紅制度，優厚的程度至今仍保持著某種紀

錄。銀行及其證券子公司，國民城市公司（National City Company）的利潤先扣掉8%之後，其中的20%做為管理基金。管理基金每年分兩次給高級主管。分配的方式很有趣，必須在半小時內完成。主管先把自認為董事長米契爾應該得的紅利金額寫在紙上，以不記名的方式投入帽子裡。然後，每個主管再寫一張單子，上面是其他主管應該得的獎金（不包括本人）。銀行執行委員會依據這些預估金額的平均數來決定每位主管應得的紅利。

　　1928年和1929年銀行的收益極佳，米契爾的屬下當然也會對他的工作十分肯定。1928年一整年，他分到了1,316,634.14美元。1929年的情形又更好；上半年他就分得了1,108,000美元。[12]紅利和其他許多的活動提高他的收入，這表示應納的稅額也提高。他原本可以出售一些國家城市銀行的股票以降低稅額。但是，如前所述，股票都抵押給了摩根。

　　然而，米契爾還是把股票賣給了他的妻子：以212美元的價格，把18,300股賣給了這位可能不會被懷疑的女士。如此可以讓他非常滿意地獲得2,872,305.50美元的損失，正好抵消他1929年全年的稅款。摩根似乎根本就不知道手中股票的所有權發生變化。不久之後，米契爾仍以

---

12 *Stock Exchange Practices*, Report, 1934, p. 206.

212美元的價格，向他妻子買回這一批股票。在此之前，股價又大幅下挫。如果米契爾從公開市場買回，而不是向他妻子購買，他就可以以每股大約40美元的價格購入。在一次由愛荷華州的參議員布魯克哈特（Brookhart）所舉行的聽證會上，在被問及這筆交易時，米契爾以足以讓他的辯護律師嚇出一身冷汗的坦率回答說：「老實說，我賣出這批股票，就是為了稅的問題。」[13]他的坦率直接導致他在幾個星期以後被起訴。

米契爾作證之後，就辭去了國家城市銀行的職務。1933年5月和6月之間，他的案子在紐約宣判，引起了一些騷動，雖然重要性小於當時華盛頓所發生的事。羅斯福在3月4日的就職演說中，誓言要把金融界的害群之馬揪出來，而米契爾就被認為是頭號該處理的人物。

6月22日，米契爾經過陪審團的審理後宣判無罪。依照稅法規定進行的節稅措施，被判定為出於善意的交易。追蹤報導米契爾案件的《紐約時報》記者認為，米契爾和他的辯護律師接到判決時都很意外。總檢察長康明斯（Cummings）聲稱他仍然相信陪審團的制度。後來，米契爾轉任布萊斯公司（Blyth and Company）的負責人，重拾華爾街的生涯。而政府向米契爾提起稅務民事訴訟，結果

---

13 *Ibid.*, p. 322.

獲得勝訴。米契爾必須支付110萬美元的稅金和罰款。米契爾於是向最高法院提起上訴，但是最終還是敗訴，只得於1938年12月27日付清全部稅金和罰款。從米契爾的角度來看，有一點必須強調的是：他節稅的方法在當年要比現在普遍得多。根據1933年和1934年參議院的調查，許多地位尊崇的人為了節稅，與他們的夫人之間有許多不正常的財務往來。[14]

4

我們的政治傳統看重罪惡所代表的象徵意義。也就是說，民眾會把一個罪犯的所作所為，當成是某個群體或階層的私密傾向。我們渴望把這些人找出來，並不是希望他們暴露在光天化日之下受到懲罰，而是期待他們的朋友會因此在政治上失勢。在仇敵的朋友間揪出一個犯罪分子，長期以來是公認增加個人政治資產的方法。不過，最近這些技巧已經大幅得到改善和精緻化，這些罪犯會將罪行都歸咎給他的朋友、熟人，以及和他有共同生活方式的人。

在1930年代，華爾街受到相當多的攻擊和反對。有一些社會主義和共產黨的人士主張，應該廢除資本主義，所以顯然不應該讓像華爾街這樣的灘頭堡存在。有些人只是

---

14 *Ibid.*, pp. 321, 322.

單純地認為華爾街是一個罪惡的場所。還有一些人，他們並不會想廢掉華爾街，也不在乎華爾街的種種劣行，只是想在那些有錢有勢和妄自尊大的人垮台時幸災樂禍。另外就是在華爾街投資虧損的人，他們大部分都支持羅斯福的新政（New Deal）。前朝的柯立芝和胡佛的政府公然與華爾街的利益掛勾。隨著新政的實施，華爾街的罪孽就成了政敵的罪惡。凡是不利於華爾街的事物當然也不利於共和黨。

對於任何在華爾街找尋象徵性罪惡（個人的罪行會讓整個金融界蒙羞）的人來說，發現國家城市銀行和大通銀行領導人犯有嚴重的疏失，似乎是最理想的了。這是兩家最著名、最有影響力的銀行，還有什麼能夠比在此找到問題更理想的呢？

找出威金和米契爾的過失會大受讚許，這是很明顯的趨勢。然而，從某種難以界定的意義上來說，他們的過失並不是華爾街最受人質疑的部分。在華爾街的宿敵眼中，它的罪行不在於它的權力問題，而在於它的道德問題。罪惡的根源不在於銀行，而在於股票市場。因為人們不但拿自己的錢在股票市場拚搏，而且還拿國家的財富在碰運氣。股票市場雖然能夠輕易致富，卻會使善良但並不很聰明的人墜入無底的深淵——就像那個當地的銀行出納，同時也是教區的委員。股市冷漠的起伏影響了農產品的價格

和土地的價值，以及票據和抵押品的展期。雖然對老練激進的投資人來說，銀行可能是真正的威脅來源，但是一般平民百姓卻早已把懷疑的矛頭指向紐約證券交易所。因此，這裡很有可能找到象徵罪惡之處，大家早就懷疑這樣的機構大有問題。

在紐約證券交易所搜尋真正惡棍的行動自1932年4月展開。這項任務由參議院轄下的銀行與貨幣委員會（後來由小組委員會）負責，該委員會下令──「徹查證券交易所的業務⋯⋯」。後來在費迪南・佩柯拉（Ferdinand Pecora）的領導下，該委員會變成了商業銀行、投資銀行和私人銀行的剋星。不過，在成立之初並沒有人想到這一點。原始調查的唯一對象就是股票市場。

大體而言，這部分的調查並沒有多大成效。聽證會於1932年4月11日開始，第一個到庭作證的人是理查・惠特尼。[15]1929年11月30日，紐約證券交易所執行委員會通過一項決議，感謝他們的代理主席在最近發生的股市風暴事件中，表現出「高效率、盡職的」態度。該決議聲稱，「俗話說，亂世出英雄⋯⋯」這種感激之情必然導致愛德華・西蒙斯（Edward H. H. Simmons）在擔任紐約證券交易所總裁6年後，於1930年退休的時候，由惠特尼接任他

---

15 *Stock Exchange Practices*, Hearings, April 1932, Pt. I, p. 1 ff.

的職務。身為紐約證券交易所的總裁，惠特尼在1932年的春天有責任保護股票市場免受別人的批評。

　　惠特尼並不是一個面面俱到的證人。不久前，他的繼任者拿他的一般舉止，與國防部長查理‧威爾森（Charles E. Wilson）於1953年的任命聽證會上的表現相較。惠特尼只承認，紐約證券交易所在過去的交易過程中並沒有犯下嚴重的錯誤，或是有任何出差錯的可能。他只提供參議院所需的訊息，並沒有大力協助參議員了解放空、手頭存券交易、期權、集資和包銷等的祕訣。他似乎覺得這些專業知識超越參議員所能了解的範圍。另外，他還暗示這些是每個聰明的學生都會懂的概念，要他再說一遍這些淺顯明白的東西是件痛苦的事。他很不智地與愛荷華州的參議員、聽證會委員會的成員史密斯‧布魯克哈特（Smith W. Brookhart）討論個人的經濟觀。後者篤信證券交易所是魔鬼特別的設計。惠特尼堅稱，是政府而非華爾街應該為當前的不景氣負責。他認為政府可以藉由平衡預算，恢復人們的信心，帶動經濟的復甦。為了平衡預算，他提議削減退伍軍人的養老金和福利，以及政府部門所有人員的薪水。當被問到是否應該削減他自己的薪水時，他的回答是：「不行。」因為他的薪水「非常少」。再繼續追問究竟有多少金額時，他不得已回答，目前只有6萬美元。聽證委員會的成員告訴他，他的薪水是參議員的6倍，可是惠

特尼仍然堅持削減公務人員的薪水，包括參議員的在內。[16]

　　不論惠特尼的態度如何，或者可能就是由於他的表現，幾天下來的質詢幾乎找不到證據顯示證券交易所有任何的犯罪事實，或是暗藏的犯罪人物。在股市崩盤之前，惠特尼只大體上聽過有包銷和集資的傳聞，但是他並不能解釋得很清楚。他反覆向委員會保證，紐約證券交易所對這一類的事情都能控制得當。他反對布魯克哈特參議員的看法，認為股票市場就是賭場，應該勒令停業。最後，在他還沒有完全陳述完他的證詞之前，惠特尼就被允許離開會場。

　　由於對惠特尼的質詢沒有得到明顯的結果，於是委員會便把矛頭轉向市場知名的作手。而這些方面也無成效。他們的證詞無非都是一些人盡皆知的事情，就是像伯納德‧史密斯（Bernard E. Smith）、米漢、亞瑟‧卡登、哈利‧辛克萊和伯西‧洛克菲勒（Percy A. Rockefeller）等人都曾經大肆操控股市。例如辛克萊就被揭發曾經大舉介入辛克萊聯合石油公司（Sinclair Consolidated Oil）股價。這就好像鑑定威廉‧福斯特（William Z. Foster）是共產黨員一樣。很難讓人不去想像哈利‧辛克萊沒有捲入複雜的巨

---

16 *Stock Exchange Practices*, Hearings, February-March 1933, Pt. 6, pp. 2235 ff.

額融資交易。而且，雖然這些行為應該受到譴責，但是就在短短的 3 年前卻還令人欽羨不已。這裡的問題有點類似於後來四〇年代「獵紅」時期所遇到的。在紅色俄羅斯曾經短暫成為我們英勇的蘇維埃盟友之後，只留下長存的尷尬。

的確，這些股市的炒作大戶，當他們站在聽證席前並不會顯得特別風姿翩翩。如前所述，卡登的記憶力大有問題；米漢的身體狀況也很糟糕。而且據說，有一次他本來計畫要去華盛頓，結果弄錯變成出國去了。（後來他曾很瀟灑地為這個錯誤道歉。）其他人也都記不得炒作的詳情，雖然他們曾經像拿破崙一樣威風八面。但是受審者不討人喜歡並不能就此定他們的罪。而且他們可疑的行為和不良的記憶並沒有直接影響到紐約證券交易所的名譽。如果想到邱吉爾‧唐斯（Churchill Downs）公司更悲慘的遭遇，那麼就有可能同情這些包打聽、情報販子和賭徒的際遇。

在股票市場爆發問題之初，有時證券交易所的會員公司宣布破產的數量還真不少。1929 年秋天，破產的情形還不嚴重。在股市崩盤的第一個星期裡，沒有紐約證券交易所的會員公司宣布停業，只有一家小公司在恐慌時期破產。有一些客戶抱怨受到不好的待遇。但是在最糟糕的那幾天裡，有更多的客戶因為他們的融資出現問題，而被經

紀人追繳保證金。紐約證券交易所會員公司的商業道德標
準似乎像二〇年代末期一樣好，而且它們的經營作風要嚴
謹得多。這也許就是紐約證券交易所及其會員公司，在三
〇年代接受調查能安然度過的明顯原因。它們在調查過程
中也並非沒有受到指責。不過，與大銀行家們所受到的責
難相比，可謂小巫見大巫。而在國會的調查過程中，並沒
有發現紐約證券交易所內有任何惡名昭張的歹徒可當成負
面教材。後來在1938年3月10日，曾經下令逮捕查理·米
契爾，後來不知怎的逃過背負華爾街復仇者之名的地方檢
察官湯瑪斯·杜威（Thomas E. Dewey），下令傳訊理查·
惠特尼；指控惠特尼犯有嚴重的竊盜罪。

5

　　以現在的話來說，火速逮捕惠特尼的行動，完全是對
付股市犯罪分子的手法。此舉可與司法部長赫伯特·布朗
奈爾（Herbert Brownell）在1953年的秋天，宣布前總統杜
魯門包庇叛國罪後所採取的措施相提並論。在惠特尼第一
次被捕後的第二天，紐約州總檢察長約翰·班奈特（John
J. Bennett）又下令拘捕惠特尼。班奈特負責偵辦惠特尼的
案子，他嚴厲指控杜威先生越級提起公訴。在接下來的幾
個星期裡，幾乎每一個公共機構或法庭，以似乎有理的藉
口，要求惠特尼詳細交代自己的罪行。

　　有關理查‧惠特尼不幸遭遇的細節並不是我們關心的重點。有許多事情都發生在這段歷史之後，在這裡只提一些被認為與股市有關的經過。

　　惠特尼的詐欺行為屬於偶爾為之、相當幼稚的那一種。當時的合夥人後來解釋說，有一次遭遇不幸的失敗讓他明白，對於別人有意義的規則同樣也適用於他本人。比惠特尼的詐欺行為更令人吃驚的是這樣一個明白的事實：他是現代史上損失最慘重的商人之一。盜竊行為相對於他生意上的不幸，簡直就是小巫見大巫。

　　1920年代，理查‧惠特尼公司在華爾街的上市公司之中是屬於一家小型的債券公司。很明顯地，惠特尼覺得自己有志難伸，於是他逐漸把心思放在其他事業上，包括到佛羅里達州開採天然膠體礦和行銷泥炭腐蝕土。後來，他又對在紐澤西州釀製酒精性的飲料──主要是蘋果白蘭地──產生了興趣。世上沒有任何事物會像生意失敗一樣，讓人變得貪婪，而惠特尼竟然擁有三家這樣的公司。為了要保持正常營運，惠特尼向銀行、投資銀行和證券交易所的其他會員公司借貸，其中向摩根公司合夥人之一的哥哥貸得最多。從二〇年代初，他總共貸了數百萬美元，其中有許多貸款是沒有擔保的。隨著時間的流逝，惠特尼的財務狀況越來越吃緊。當一筆債務到期時，他必須趕快借貸以債養債。為了要支付其他尚未到期貸款的利息，他還得

另外再找人借。儘管他的證券公司苟延殘喘了5年左右，1933年初卻已經淪落到毫無償債能力的地步。[17]

最後，就像其他許多人一樣，理查・惠特尼學到在一個頻頻下跌的市場中力拱一支股票的代價。1933年，惠特尼和他的公司（惠特尼的事情與他的公司幾乎完全無法分割）購買了1萬到1.5萬股蒸餾酒公司（Distilled Liquors Corporation，紐澤西州蘋果酒和其他酒精飲料製造公司）的股票，價格每股是15美元。到了1934年春天，這支股票在店頭市場漲到了45美元。1935年1月，蒸餾酒的股票進入紐約證券交易所的場外市場交易。惠特尼當然拿這些股票當抵押品，借了好幾筆貸款。

不幸的是，即使禁酒令已經解除，人們對惠特尼公司的產品興趣並不高，公司自然賺不到錢。到了1936年6月，公司的股票跌到只剩11美元。這樣的下跌，對股票的抵押價值產生嚴重的影響。心情鬱悶的惠特尼想藉由買入更多的股票來維持股價。（後來他聲稱，這樣做是希望公司的其他股東能有機會把手中的股票出脫。[18]若真如此，

---

17 詳情來自於 *Securities and Exchange Commission in the Matter of Richard Whitney, Edwin D. Morgan, Etc.*, Vol. I, Report on Investigation (Washington, 1938).

18 Securities and Exchange Commission, *op. cit.*, Vol. II. p. 50.

那麼這是自希尼‧卡頓〔Sydney Carton〕以來最無私的行為之一。）公司的股東都把股份轉給惠特尼。在公司破產的時候，發行在外的148,750股份中，惠特尼或他的證券公司持有137,672股。這時候股價已經跌到每股只剩3到4美元。值得一提的是，在這種時候人們很容易自欺欺人。努力拯救蒸餾酒公司股票的惠特尼，無疑像是一種自我欺騙的龐氏騙局。他努力操作的結果，最後剩下原先所有的債務，加上為護盤而舉措的新債，以及這家公司全部的股票；而這些股票幾乎已經變成壁紙。

當他的情勢逐漸惡化，理查‧惠特尼越來越依賴一種權宜之計，這種方法他已經採用了好幾年：挪用別人委託他保管的股票，當成抵押品去借貸。到了1938年初，他已經沒有再借錢的能力。1937年秋末，他最後向自己的哥哥借了一大筆錢，用以贖回屬於紐約證券交易所撫恤基金的股票——就是發放給死亡會員家屬的撫恤金。他曾經把這些股票拿去抵押，借了一筆貸款。他現在為了借錢不顧一切，幾乎到了令人同情的地步，他只有不斷找熟人想辦法。謠言傳得沸沸揚揚，說惠特尼已經到了山窮水盡的地步。到了3月8日，就在紐約證券交易所的總裁查理‧蓋伊（Charles R. Gay）站在講壇上宣布理查‧惠特尼公司破產歇業的時候，交易大廳裡大家驚訝得鴉雀無聲。等到交易所的會員們獲悉，惠特尼長期大量非法侵占他人的資產

時，更是目瞪口呆。

惠特尼仍然姿態不低地道出自己所有的交易，拒絕為自己做任何辯解，然後就此永遠消失在人們的眼前。

6

如果是一家小型的鄉村銀行破產，其所導致個人陷入困境、痛苦和貧窮的嚴重性，可能都要勝過理查·惠特尼的破產。因為後者的受害人幾乎都有能力承受這些損失。雖然惠特尼挪用的金額非常龐大，但是還不至於把他列入當時重大經濟罪犯的名單中——那些人在伊瓦·克魯格的侵占案件中，有整整一年沒支付利息。從華爾街反對者的觀點來看，他的犯罪行為正好是理想的標靶；很少有罪行能受到這樣的歡迎。

惠特尼的形象完全與紐約證券交易所重疊——萬惡淵藪的象徵。此外，惠特尼還曾經是它的總裁；在此案件的審理過程中，他還在國會和公眾面前，頑強地替交易所辯護。另外，惠特尼是共和黨員、頭號的保守分子，在金融圈多少與摩根公司有著一定程度的往來。他自己曾經大力支持誠信，1932年，當時惠特尼侵占他人資產為時已久，他在聖路易發表了一篇談話，態度堅定地說，「要有一個良好的市場，就要有誠信、在財務上可靠的經紀人。」他期待有一天交易所對其會員進行嚴格的財務查核，以至於

破產「幾乎不可能」發生。[19]

即使在他同仁眼裡，惠特尼也有點驕傲自負。在他破產前的最後一些日子裡，惠特尼不得不忍氣吞聲，向市場作手、充其量不過是一個素質較低的人伯納德‧史密斯（Bernard E. Smith）開口。史密斯後來告訴證券交易委員會的一名監察人員說：「他來找我的時候說，他希望很快能處理這件事，想憑他的面子向我借2.5萬美元。我回答他，他對自己的身價高估不少，他說他已經走投無路了，他一定要借到2.5萬美元。我告訴他，白天的時候他連招呼都不跟我打一下，現在竟然有膽子來跟我借錢。我坦白告訴他我不喜歡他，一分錢都不會借給他。」[20]如果以自由投票的方式，選出最能敗壞華爾街名聲的人，那麼惠特尼一定能夠以壓倒性的票數當選。

拿惠特尼與最近的一個罪犯比較是件有趣的事。在1930年代，新政擁護者大量揭發敵對陣營在金融方面怠忽職守的行為。（有趣的是，在那些日子裡，保守份子攻擊的是詐欺的行為，而非傳統詆毀資本主義的濫用職權或剝

---

19 *The New York Stock Exchange*，惠特尼向聖路易的工會和商會的演講內容(St. Louis, September 27, 1932)。

20 Securities and Exchange Commission, *op. cit.*, Transcript of Hearings, Vol. II, pp. 822, 823.

削人民這類事故。）在1940年代和1950年代，共和黨人渴望找出在新政擁護者之間藏匿的共產主義份子。因此，大約10年之後，阿爾傑・希斯（Alger Hiss，編註：美國政府官員，於1948年被指控為蘇聯間諜）成了理查・惠特尼的翻版。

他們兩人都成了其階級敵人大好的反宣傳。兩人的出身、教育程度、人脈和職業都代表了特定的階級。在這兩個案件中，他們的朋友對這些犯罪的指控，第一個顯現出來的反應都是不相信會有此事。惠特尼過去在他圈子裡的地位更是傑出。因此從他的敵人的角度來看，他比阿爾傑・希斯更能滿足他們的需要。若依政府公職的等級來看，希斯顯然只是一個普通的人物。希斯是在案發後才變成全球知名的政治人物，而且在兩次漫長的審理過程中變得更加有名；而惠特尼則是低調地接受了他的命運。

也許從惠特尼和希斯的職業上還有一些道德的問題值得探討。縱使惠特尼被指控侵占他人的股票，或是希斯被控竊取文件，並不表示他們的朋友、同事和同時代的人都會做同樣的事。相反地，有證據顯示，大多數經紀人都是講誠信的。大部分新政擁護者並沒有勾結俄國人，只是希望有朝一日能夠受邀前往蘇聯大使館品嘗魚子醬。所以無論是自由人士還是保守份子，左派還是右派，現在都體驗到攻擊敵營象徵性弱點的滋味；這種手法很顯然是不公平

的。根據一個古老但還不算陳腐的傳統來看，如果人們都能明白犯罪（甚至是品行不良）僅僅是個人的行為，而不代表一種階級傾向，那就可以算是有智慧的了。

7

惠特尼事件讓交易所與聯邦政府之間的關係發生了重大的變化，而交易所與廣大民眾之間的關係多少也發生了變化。依照1933年證券法以及牽涉面更廣的1934年證券交易法，美國政府設法禁止類似在1928年和1929年出現的毫無限制的投機行為。雖然沒有辦法強迫投資人一定要閱讀公司所揭露的資訊，政府規定在發行新股的時候企業需要充分告知公司的資訊。一般模仿威金先生的內線交易和放空行為都被立法予以禁止。聯準會獲得授權制定保證金的比例，在必要時可以提高到100%，從而完全杜絕融資買賣。集資、虛假交易、散布消息，或是公然散布錯誤訊息，以及其他操控市場的手法完全都被禁止。商業銀行與其證券子公司之間的業務分別獨立經營。最重要的是，原則上紐約證券交易所和其他交易所都受政府的管制，而且設立證券交易委員會，專門負責實施和加強對交易所的管理。

這似乎是劑苦口的良藥。再者，制訂管理規則的機構就像在其中工作的人們一樣，都有一定的生命週期。機構

剛剛成立時充滿了活力、有積極的作為、充滿傳教士般的熱情，甚至絲毫不會姑息養奸。之後他們成熟了，進入老年期，大約在10到15年之後，除了一些例外的情形，他們要不是成為所管轄產業的左右手，就是變得垂垂老矣。證券交易委員會特別積極進取，對於任何新成立的管理機構來說，華爾街當然是一個具有挑戰性的目標。

一直到發生惠特尼的事件，華爾街（總有例外情況）打算反擊。他們堅持要求擁有金融界的自治權，特別是對證券市場而言，有權以自己的方式，按照自己的想法來管理自己的事務。就在宣布惠特尼公司歇業的前一天晚上，紐約證券交易所總裁蓋伊和業務管理委員會主席浩藍·戴維斯（Howland S. Davis）——惠特尼曾擔任過這兩個職務——前往華盛頓。他們向證券交易委員會的威廉·道格拉斯（William O. Douglas）和約翰·漢斯（John W. Hanes）報告他們所面臨的棘手狀況。這次更具象微意義的旅程，更表明紐約證券交易所向交易委員會輸誠。彼此針對管制的冷戰終於結束，從此再也沒有開戰過。

惠特尼詐欺的案件雖然確認了新政在管制問題上取得勝利，並且證實大眾對於紐約道德問題的懷疑是正確的。然而對華爾街來說算是幸運的，因為這一切來得比較晚。到1938年，新政對大企業的整治開始逐漸放鬆；原先的「突擊部隊」也改口附和自由企業的優點。至此，大家也

認為新政這門「神學」必要的經濟改革措施已經普遍付諸
施行。至於還沒有實施的部分，則操之在國會手中。當前
股市沒有任何重要的改革方案。從此，華爾街只有對華盛
頓獻殷勤的份，而華盛頓卻回之以木然的表情。

第9章

因與果

在股市大崩盤之後，緊接而來的經濟大蕭條持續了 10年之久，嚴重的程度各有不同。到了 1933 年，國民生產毛額（經濟總產量）比 1929 年下降近 30%。直到 1937 年實際的生產量才回復到 1929 年的水平，然後經濟又快速地回落。直到 1941 年，製造業的產值仍然低於 1929 年的水準。在 1930 年到 1940 年之間，只有 1937 年這一年的平均失業人數少於 800 萬人。1933 年大約有 1,300 萬人失業，幾乎每四個勞工有一人失業。到 1938 年仍然有五分之一的人數失業。[1]

在這個令人沮喪的時代，1929 年就像神話般的美好。當某些產業或城市的經濟情況好轉到幾乎和 1929 年一樣的時候，人們期待國家也能夠回到 1929 年的狀況；一些有遠見的人士在某些正式的場合曾說過，「1929 年是美國人曾經有過的好光景。」

整體來說，股市大崩盤比隨後發生的經濟蕭條更容易解釋。而且在評估造成蕭條所牽涉的問題中，沒有比決定股市大崩盤應負的責任更為棘手的事情。經濟學對於這些問題仍然無法提供最終的答案。但是，我們仍然可以討論一些崩盤的原因。

---

1 *Economic Indicators: Historical and Descriptive Supplement*, Joint Committee on the Economic Report (Washington, 1953).

2

正如一般所強調的，認為1929年秋天股市的崩潰必然和先前的投機熱潮有所關聯。然而投機熱潮的唯一問題是，它會持續多久的時間。遲早有一天，人們對於短期內股價持續上漲的信心終會減弱。當這種情況發生時，某些人就會開始賣出股票，這就會破壞股價持續上漲的現實。持有股票等待增值現已毫無意義，因為股票跌價成了新的現實；接著就會出現快速、混亂的拋售狂潮。這就是過去投機熱潮告終的情形。而1929年也就這樣結束了，這也是投機熱潮未來會結束的方式。

我們不知道在1928年和1929年何以會發生大規模的投機熱潮。長期以來公認的解釋是信用貸款太寬鬆，讓民眾得以用貸款繳交保證金的方式購買股票，這顯然是荒謬的解釋。在以往許多情況下，雖然信用也很寬鬆，但是也沒有發生所謂的投機熱潮。此外，在1928年和1929年許多人融資從事股票投機買賣，在前、後幾年期間支付的利息都是特別低廉。根據一般的檢討，在二〇年代晚期的銀根是很緊的。

人們的情緒遠比利率和信貸的供給更為重要。大規模的投機熱潮需要民眾普遍的信心、樂觀和堅信市井小民也能夠發財。人們也必須信任別人的好意以及善心，因為他

們必須透過別人的幫助才能夠致富。1929年，戴斯教授曾經提到：「一般民眾都相信他們的領導者。我們不再把產業界的巨擘們視為大騙子。難道我們沒有從收音機收聽他們的節目嗎？當他們把我們當作老朋友聊天時，我們對於他們的想法、雄心和理想還會不熟悉嗎？」[2]這種信任感是經濟景氣的必要條件。當人們的心態是謹慎、狐疑、孤獨、多疑或吝嗇時，就不會狂熱地從事投機的買賣。

儲蓄也必須充裕。不論投機交易是否需要借貸資金，其中一部分仍需參與者投入自有資金。如果儲蓄快速增加，人們會覺得其儲蓄的邊際價值開始降低；他們會願意冒險把部分存款用於投資，以大幅提高報酬率。因此，在經過長期的繁榮之後，可能爆發投機熱潮，而非發生在蕭條之後經濟恢復的初期。馬考利（Macaulay）曾提到，在「英國王政復辟期」（Restoration）和「光榮革命」（Glorious Revolution）期間，英國人茫然不知如何處理他們的儲蓄，而「這種狀況發展下去的自然結果，就是有很多聰明和愚蠢、誠實和狡詐的人設計各種方法來動用這些多餘的資金。」白芝浩（Bagehot）和其他人大致上把英國的「南海泡沫事件」（South Sea Bubble）歸咎於相同的

---

2 *New Levels in the Stock Market*, p. 257.

原因。[3] 在1720年，英國的經濟已經享有長期的繁榮，其中部分是因為戰爭的支出之助。在此期間，私人的儲蓄也以空前的速度成長。投資的管道很少，而且報酬率也低。因此，英國人急於把他們的儲蓄投資到新的企業，而且很快發現未來的展望並不亮麗，就像1928年和1929年的美國人一樣。

最後，投機熱潮的爆發多少都有免疫作用；接連而來的股市崩盤自然也破壞了投機熱潮所需有的社會心態。因此投機熱潮的爆發讓人合理地相信，另一次的投機熱潮不會立即發生。隨著時間和記憶的流逝，免疫作用會逐漸降低，投機熱潮可能再次出現。在1935年，沒有任何因素會引起美國人在股市中的投機熱潮。到了1955年，股市發生投機熱潮的機會升高很多。

如前所述，說明股市的景氣和崩盤的原因會比解釋它們和隨後經濟蕭條的關係更容易。至於「大蕭條」的原因仍然很難確定，雖然無法確定但是可以注意到，在有關大蕭條的當代著作中，並沒有詳細說明蕭條的原因。其

3　Walter Bagehot, *Lombard Street*, p. 130. 上述馬考利的言論由白芝浩引用，p. 128。

中大部分作品著重在討論造成蕭條的錯誤所在，以及為什麼如此無法挽救。然而，這樣的解釋反而成為不確定性的象徵。當人們最沒有把握時，通常也是他們最堅持己見的時候。我們不知道俄國人心裡想些什麼，於是我們會很肯定地說他們將會做什麼。為了我們無法預言德國重整軍備的後果，於是我們只得轉而肯定地斷言將會有什麼樣的後果。經濟的情形也是如此。然而，對於解釋在1929年和往後時間發生了什麼事情，我們可以區別出哪些解釋是正確的，而哪些是明顯錯誤。

很多人一直覺得，在三〇年代無可避免地會發生經濟蕭條。至少已經有7年的好光景；按照神祕的或者聖經上的補償定律，必然會出現7年的壞光景。也許，有關股市的論點就會在有意無意間對一般的經濟產生影響。因為股票市場在1928年和1929年脫離了現實，在某個時刻它必須回到現實。覺醒後一定會產生像被幻想欺騙後大夢初醒的痛苦。同樣地，新時代的繁榮將來終會消逝；隨後出現的是有補償作用的困苦歲月。

我們會有一種更微妙的信念：經濟必然有一種節奏在運行。在經過某段時間之後，經濟繁榮本身就會自行崩毀，而由蕭條取而代之。按照景氣循環的原則，到了1929年經濟繁榮期就應該結束。這是在1929年春天，哈佛經濟學會成員堅持的信念，然而他們發現經濟衰退竟然不知何

故延後出現。

這些信念沒有任何原因可言之成理，獲得確切的證實。相對較為繁榮的二〇年代並不意謂在三〇年代必然會發生蕭條。以往，景氣的年代接著的會是較不景氣的年代，而較不景氣的年代或景氣很差的年代緊接著的會是景氣的年代。但是在資本主義經濟中，變動是常態。這種規律的變動程度並不大，雖然時常會被認為很大。[4] 對於經濟崩潰和1930～1940年代的停滯期，並沒有一定的規律可循。

1929年的美國經濟因為一向的繁榮，預料經濟蕭條將會來臨，但是並未發生實質的壓力或者緊張的狀態。經濟發展需要不時的放緩和復甦的觀念，可說言之成理而且有其明顯的可行性。在1954年的夏天，擔任艾森豪總統私人幕僚的一位經濟學家指出，目前的經濟衰退只是經濟在經過前幾年的過度發展之後，發生短暫的休息，而且推測是必然的結果。1929年勞動力並未衰竭；它仍可繼續以1929年的最佳速度無限制生產。全國的資本設備沒有耗損殆盡。在前幾年的繁榮期間，工廠的設備已經更新和改良。

---

4 「現在，過分渲染了它的規律性，而不是否定景氣循環的存在。」Wesley Clair Mitchell, *Business Cycles and Unemployment* (New York: McCraw-Hill, 1923), p. 6.

事實上，在隨後幾年的經濟呆滯期，新的投資大幅縮減造成資本設備耗損殆盡。在1929年，原物料對於當時的生產速度來說是充足的。企業家從來沒有比當時更樂觀。顯然如果人力、原物料、設備和管理都能夠持續甚至擴大規模生產，就沒必要放緩發展的腳步。

最後，正如同某些人的看法，二〇年代的高生產量並未超過消費者的需求。在那幾年間，人們確實獲得更多的商品供應。但是並沒有證據證明他們對汽車、衣服、旅行、娛樂甚至食物的需求得到滿足。相反地，所有後續的證據顯示，在既有的收入水準下，消費能力還有進一步增加的空間，並不需要發生經濟蕭條，人們的需求也可以跟上生產量。

4

那麼導致經濟蕭條的可能原因為何呢？若要回答這個問題，可把問題分成兩個部分加以簡化。首先，要回答的問題是，為什麼在1929年經濟活動會轉趨停滯。第二個問題則更為重要，就是為什麼在這個時候經濟會開始下滑，而且不斷地下滑了整整十個年頭。

如前所述，美國聯準會每月衡量綜合經濟活動所公布的「工業活動和工廠生產指數」，已經在該年的6月達到高點。隨後它們開始反轉下跌，並且在該年度的剩餘月份繼

續下跌。其他的指標包括工廠發放的薪資、貨運裝載量和百貨公司的銷售額等轉折點，則較為落後，在10月或稍後開始全面出現明顯向下的趨勢。儘管如此，如同經濟學家一般所強調的，美國國家經濟研究局（National Bureau of Economic Research）公布的權威資料[5]顯示，經濟狀況早在該年度初夏，大崩盤之前便開始疲軟。

這次的疲軟有各種不同的解釋。此時，工業產品的產量已經超過消費者的需求和投資需求。最可能的理由是，在景氣時期特有的狂熱中，企業錯估了未來可能的需求增長，大大增加了不必要的庫存量。結果，他們隨後必須縮減採購量，導致產量的減少。簡而言之，1929年夏天成為存貨開始下降的起點。從可取得的有限數據來看（以目前的標準），證據並不具有決定性。依據可取得的數據，百貨公司的庫存數量在該年年初似乎還在正常的範圍內。但是百貨公司4月份的銷售額微幅下降，則可能是經濟衰退的一個信號。

還有的可能性就是，研究該時期的學者一般都認為，有一些更深層的因素在影響，而且在那年夏天第一次表

5　Geoffrey H. Moore, *Statistical Indications of Cyclical Revivals and Recessions, Occasional Paper 31*, National Bureau of Economic Research, Inc. (New York, 1950).

現得特別明顯。在整個二○年代，每位工人的生產量和生產力穩定提升：在1919年和1929年之間，製造業每位工人的產量大約增加43%。[6]工資、薪水和物價都相對保持穩定，或者並未出現任何出人意料的增加。因此，成本降低而價格也同樣降低，利潤則增加了。這些利潤可以維持小康人家的開支，而且他們也多少進行投資，支持股市的榮景。最重要的是，這些利潤促進了大量的資本投資。在二○年代，資本財的生產量以每年平均6.4%的速度增加；非耐久財的消費品（包括像食物和衣服的大量消耗品），增加的速度則只有2.8%。[7]（至於類似耐久性的消費品如汽車、住宅、家具等等，大部分代表有錢人家和小康人家的消費支出，則是以每年5.9%的速度增加。）換句話說，大量而且逐漸增加對資本財的投資，就是利潤支出的主要項目。[8]的確，任何干擾投資的事，也就是阻止增加必要投資的行為，都可能導致經濟蕭條。當這種情況發生時，無法

6　H. W. Arndt, *The Economic Lessons of the Nineteen-Thirties* (London: Oxford, 1944), p. 15.

7　E. M. Hugh-Jones and E. A. Radice, *An American Experiment* (London: Oxford, 1936), 49. Cited by Arndt, *op. cit.*, p. 16.

8　這一點受到廣泛的注意。請參閱 Lionel Bobbins, *The Great Deprefston*, p. 4, and Thomas Wilson, *Fluctuations in Income*, p. 154 ff., and J. M. Keynes, *A Treatise on Money* (New York: Harcourt, Brace, 1930), II, 190 ff.

期望透過增加消費支出來彌補頹勢。因此，無法讓利潤穩定增加的投資不足效應，可能會降低整體的需求，以致訂單和生產量隨之減少。關於這一點也缺少最終的證據，因為很遺憾，我們也不知道要如何增加投資，才能保持目前利潤增加的速度。[9]然而，這個解釋大致符合現實的情況。

景氣低迷還有其他合理的解釋，造成投資不足的原因可能是高利率。儘管可能性較小，但是像農業這種弱勢的產業可能會造成整個經濟出現問題。我們可以進一步探討景氣低迷的原因，但是關於這件事有一點是明確的。一直到1929年的秋天，景氣低迷的情況還不嚴重，經濟活動稍顯不景氣，失業的情況尚屬輕微。直到11月，可以說並沒有發生什麼嚴重的情況。如前所述，在其他期間如1924

---

9 請允許我以較專業的術語來詳細說明這個問題。消費支出的增加率不足和無法更大幅增加資本財的支出都可能干擾到投資的支出。消費不足和投資不足是問題的一體兩面。事實上，一種重要的消費者耐久財支出，例如購置住宅，已經持續衰退好幾年且在1929年進一步大幅下跌，更增強這個解釋的力度。然而，我們仍然認為投資的作用沒有消費作用那麼穩定，即使我們對消費作用的穩定性沒有以往那麼有把握。而且對於目前的情況，如果要不干擾整體的支出，似乎最理想的辦法就是保持最高的增加率。在我經常引用以及足以讓研究這個時期的人受益的湯瑪斯・威爾遜（Thomas Wilson）的著作中，並未充分強調投資支出需要保持特定的增長率。

年、1927年和1949年底都發生過類似經濟不景氣的情況。
但是不像這些時期，1929年的經濟衰退持續不斷，而且最
後急劇惡化，這是1929年經濟衰退的獨特性質，這一點我
們必須實際加以了解。

5

修正以往一貫的說法，1929年似乎出現了一點問題，
經濟的基本面並不健全，這是最重要的一點。許多方面的
情形都不太妙，但是有五個問題似乎和接踵而至的災難有
特別密切的關係。它們是：

1. 所得分配不均

在1929年，富人確實是有錢人。相關的數據並不能
完全讓人滿意，但是可以確定，該年度占全美人口5%的
最高收入族群，其收入大約占所有個人所得的三分之一。
個人收到的利息、股利和租金等形式的所得比例，廣泛地
說，小康人家的所得大約是二次世界大戰之後幾年的兩
倍。[10]

---

10 Selma Goldanith, George Jaszi, Hyman Kaitz, and Maurice Liebenberg, "Size Distribution of Income since the Mid-Thirties," *The Review of Economics and Statistics*, February 1954, pp. 16, 18.

這種極不平等的所得分配，意謂經濟必須依賴高額投資或高級奢侈品的消費，或者依賴兩者。有錢人無法購買大量麵包等基本生活品，如果他們要處理所得，則必須購買奢侈品或投資新的工廠和新的計畫。投資費用和奢侈品的花費，必然比週薪 25 美元的工人需要支出的食物和房租，受到更多不確定因素的影響，以及呈現較大的波動。我們可以假定，在 1929 年 10 月，這種高層級的消費支出和投資尤其容易受到來自股市重大消息的影響。

2. 不良的企業結構

在 1929 年 11 月，股市大崩盤之後數個星期，哈佛經濟學會提出不需要擔心經濟蕭條的主要理由，它的合理判斷是「大多數的企業一向秉持的是穩重和保守的經營原則。」[11] 實際情況則是，美國企業在二〇年代，對於眾多的煽動者、貪污者、騙子、冒名頂替者和詐欺者竟張開熱情的雙手擁抱他們。在這種情況長期發展下，造成洪水猛獸般侵占企業資產的風潮。

企業最嚴重的弱點源自於控股公司和投資信託公司的龐大架構。控股公司控制了絕大部分的公用事業、鐵路公司和娛樂企業。由於投資信託公司的存在，持續對經濟

---

11 *Weekly Letter*, November 23, 1929.

形成反槓桿操作的危險。尤其是，營運公司必須以股利支付上游控股公司發行公司債的利息。如果公司無法分發股利，就意謂公司違約無法支付公司債利息、破產，以及控股架構的崩潰。在這樣的情況下，削減對營運公司的投資，以求繼續分發股利的誘因顯然很大。這樣會增加通貨緊縮的壓力。其次，通貨緊縮使得盈餘降低，並且促使企業弱化金字塔的結構。在發生這種情況的時候，就無法避免進一步裁減開支。收入必須指定用來償還債務，再舉債籌資進行新的投資便成為不可能的任務。很難想像如何設計出更好的企業體制，能夠繼續營運和衝出通貨緊縮的漩渦困境。

3. 不良的銀行體系

從三〇年代初期以來，這個新世代的美國人在聽到有關二〇年代晚期銀行業的做法時，真是感到又好氣又好笑，還不時義憤填膺。事實上，大部分銀行的這些做法只是因為經濟蕭條而讓人覺得荒唐可笑。原本債信非常良好的貸款，但是因為借款人的產品價格崩跌、產品市場萎縮或者申貸的抵押品跌價，而成為非常荒謬的情況。最有責任感的銀行業者，在看到貸款人面對遠超過他們所能控制的惡劣環境，而苦思如何幫助這些受害者時，卻往往被視為最差的銀行業者。像其他人一樣，銀行業者不得不屈從

於當時輕率、樂觀和不道德的心態，但是很可能也就是如此而已。1929～1932年的經濟蕭條一開始就像以上所描述的情況，但是也損害到許多當時被認為無懈可擊的銀行聲譽。

　　然而，雖然1929年的銀行業者並不是特別的愚蠢，但是銀行業的架構仍然有其先天上的缺陷，這些缺陷原本就存在於大量的獨立銀行機構。如果有一家銀行倒閉，則其他銀行的資產也會遭到凍結，而其他銀行的存款人則會競相到銀行提領他們的存款。如此一來，一家銀行的破產會導致其他銀行的破產，而形成骨牌效應。甚至在景氣最好的年代，地區性的災難或個別的管理失誤就可能啟動這樣的連鎖反應。（在1929年的前6個月，全國各地有346家銀行倒閉，這些銀行的總存款餘額接近1億1,500萬美元。）[12] 當所得、就業和物價因為經濟蕭條而下跌時，銀行的破產與倒閉很快就會蔓延開來。這種情形就發生在1929年，很難想像會有比這種情況更能擴大恐懼的效應。這種恐懼不只摧毀心智薄弱的人，也會削弱心智強健者的信心。任何富人和窮人都會因為他們的儲蓄遭到侵蝕，而感覺到災難來臨了。

　　不需多作說明，一旦這樣的銀行體系面臨破產的危

12　Compiled from *Federal Reserve Bulletin*, monthly issues, 1929.

機，只會讓它的存款人縮減開支且影響客戶的投資意願。

4. 對外貿易差額不明

這是一個我們熟悉的故事。在第一次世界大戰期間，美國的國際收支出現盈餘。在其後的十年之間，扣除支付向歐洲貸款的利息和本金之後，對外貿易仍有出超。高關稅限制了進口，並有助於創造出口的盈餘。無論如何，歷史和傳統的貿易習慣也造成美國國際收支持續出現順差。

以往，支付歐洲貸款的利息和本金會從貿易餘額中扣除。現在既然美國是債權國，這些本金和利息就計入進出口的盈餘，應該說此時美國的國際收支順差還不是很多。在僅僅一年（1928）期間，實際出超金額達到10億美元；而在1923年和1926年也才大約3億7,500萬美元。[13] 然而，貿易順差不論多寡都應該達到平衡才對。其他那些進口超過出口、並且還要償還債務的國家，必須找出方法來彌補他們和美國貿易的赤字。

在二〇年代大部分時間裡，這些貿易差額是以現金清償，也就是以黃金支付美國，或是由美國以私人貸款的形式借給其他國家來彌補。大部分的貸款是借給政府，包括

---

13 U.S. Department of Commerce, Bureau of Foreign and Domestic Commerce, *Statistical Abstract of the United States*, 1942.

中央政府、州政府或者市政機構，而且其中大部分是借貸
給德國和中、南美洲。承辦處理這些貸款的承銷商利潤豐
厚，民眾瘋狂搶購這些債券；國際貸款的競爭非常激烈。
如果不幸的是，腐敗與行賄是競爭的必要之惡，那麼這段
期間就是如此。在1927年底，祕魯總統的兒子朱安·利古
雅（Juan Leguia）收取塞利格曼公司（J. and W. Seligman
and Company）和國家城市公司（National City Company，
該公司是國家城市銀行經營證券業務的子公司）450,000美
元的賄款，讓這些公司能夠貸款給祕魯5,000萬美金。[14]根
據後來調查的證詞，這筆賄款要求朱安做的是有負面效果
的事，要他不要阻止這宗貸款。大通銀行提供素以殺人聞
名的獨裁者古巴總統馬查多（Machado）個人信用貸款的
額度，一度高達20萬美元，[15]馬查多的女婿便是在大通銀
行任職。該銀行還承做大量古巴發行的債券業務。在盤算
這些債券業務上，銀行傾向於很快忽略對債權人不利的任
何事物。在國家城市公司負責拉丁美洲貸款的副總裁維克
多·舒波爾（Victor Schoepperle）先生，對於祕魯的信用
展望作了如下的評價：

---

14 *Stock Exchange Practices*, Report, 1934, pp. 220-21.
15 *Ibid.*, p. 215.

　　　祕魯：債信紀錄不良，負面的道德和政治風險，
國內債信狀態不良，過去3年的貿易情況類似智利。
自然資源非常豐富。依據經濟數據顯示，祕魯在未來
的10年內應該會快速發展。[16]

　　根據這些資料顯示，國家城市公司提供祕魯的流動性
貸款達到1,500萬美元，幾個月後追加5,000萬美元的貸
款，而大約10個月後再發行2,500萬美元的債券。（祕魯確
實是一個有高度政治風險的國家，負責談判貸款的利古雅
總統後來被粗暴地趕下台，而貸款最後也無法收回。）

　　從各方面來說，這些交易正如同「新時代」（New
Era）的一部分，就像仙納度和藍嶺公司一樣。它們也很
脆弱，一旦「新時代」的幻景消散，仙納度和藍嶺公司的
美景也很快就會消逝不見。這樣會強迫美國調整其對外的
經濟態度。有些國家無法增加以黃金支付他們與美國的貿
易逆差，至少無法長期維持下去。這意謂著，他們必須增
加對美國的出口或者減少他們從美國的進口，不然就是拖
欠過去的貸款。胡佛總統和國會即刻採取行動，去除第一
種可能性（擴大美國的進口以平衡貿易），但反而大幅提

16 *Stock Exchange Practices*, Hearings, February-March 1933, Pt. 6, p.
　2091 ff.

高關稅。因此，包括戰爭期間所發生的債務都遭到拖欠，
並且造成美國出口的急速下降。出口減少對於美國經濟的
總產量影響並不大，但是它卻導致一場普遍性的災難，特
別是農民深受其害。

5. 經濟知識的貧乏

認為某些時期的民眾特別愚鈍似乎有些不適當，而且
如此認定會讓這個世代的人感到遺憾。然而似乎可以確定
的是，在二○年代末和三○年代初的經濟學家及提出經濟
論點的人幾乎都很剛愎自用。在股市大崩盤之後的數月和
數年間，名聲響亮的經濟建議總是助長一些會導致經濟惡
化的措施。在1929年11月，胡佛先生宣布減稅措施；在
往後幾次大型的「無事」會議中，他要求企業保持資本投
資和工資的水準。這兩項措施的目的是要提高人民可運用
的收入，雖然不幸的是它們大部分都沒有什麼效果。除了
較高收入的富人之外，減稅的作用微乎其微；那些承諾要
維持投資和工資的企業人士按照一般慣例，會認為這個承
諾只有在對企業不會造成財務壓力的時候才具有約束力。
結果，一直到環境狀況不允許之前，投資與工資確實並未
降低。

儘管如此，政府努力的方向還是正確的。此後，所有
的政策幾乎都讓經濟情況更加惡化。在被問到政府如何才

能以最快的速度讓經濟提前復甦，這位認真、負責的顧問極力主張平衡預算；而兩黨也都同意這個做法。平衡預算是共和黨的最高指導原則，而在民主黨1932年的競選政見中，也出現一般政客少有的坦率，要求「聯邦的年度預算必須在國家歲收精確估計的基礎下，逐年平衡……」

承諾平衡預算通常會得到大家的理解。平衡預算意謂不增加政府在提高購買力和減輕災情上的花費。它也意謂不會進一步減稅。但是照字面的解釋，它應該有更多的含義。從1930年開始，預算早已無法平衡，因此，若要預算平衡就意謂要加稅、減少開支，或者兩者同時實施。1932年民主黨的競選政見要求「立即大幅削減政府支出」，至少降低25%的政府支出。

平衡預算不是一種想法主張，它也不像平常所說的只是信心的問題。它反而像是一種定律。幾個世紀以來，民眾盡量避免借貸，才能免於接觸到懶散或者不計後果的公共服務。懶散或者不計後果的國庫管理人，時常會發表一些複雜的論調，說明為什麼收支平衡並不代表美德。經驗告訴我們，無論短期來看這種信念可能很容易為人接受，但是長期來看會造成不安或者災難。這些簡單世界中的簡單規律無法適用於三〇年代早期逐漸複雜的現實世界。尤其是大量失業已經改變了這些規則，世事愚弄了人們，但是幾乎沒有人試著重新思考問題的所在。

　　平衡預算不是對政策有所限制的唯一原因。還有「放棄」金本位制度的錯誤做法，最令人驚訝的是，它還會冒上通貨膨脹的危險。直到1932年，美國大幅度增加黃金準備，此舉非但沒有發生通貨膨脹，國家還遭受有史以來最嚴重的通貨緊縮。然而每一位冷靜的經濟顧問至此都看到其中的危險，包括物價上漲失控的危險。雖然在過去多年以來迄今，美國人傾向修補貨幣供給的問題，而且樂於接受短暫但草率的物價飆漲的景氣。在1931年或1932年，發生這種物價上漲的危險（或甚至是可能性）為零。然而，顧問和諮詢人員不會分析危險性或其中的可能性，他們只會牢牢記住以往痛苦的歷史教訓。

　　對通貨膨脹的恐懼強化了對平衡預算的需求。它也限制了降低利率、寬鬆信貸（至少提供多種信貸），以及在當時情況許可之下，盡可能方便民眾借款的努力。當然，美元貶值是斷然不被考慮的方法，這會直接破壞金本位制的原則。在經濟蕭條的年代，貨幣政策充其量只是一根無法依靠的蘆葦。當時陳舊的經濟觀念甚至不允許使用這種脆弱的工具。需要再一次強調的是，這些意見是超越黨派之見；雖然羅斯福總統本人思想特別開放，但是他仍小心翼翼不要冒犯或者帶給他的跟隨者困擾。在1932年的競選活動進入尾聲之際，他在布魯克林的一場演講中說：

　　民主黨的競選政見特別強調：「我們主張要有健全的貨幣政策，能夠抗拒所有的風險因素。」這句話的含意簡單易解。在 7 月 30 日討論這個競選政見時，我曾說：「健全的貨幣政策是國際間的需求，不是一個國家單獨考慮自己國內的問題。」我在美國西北部的布特（Butte）重申這個主張……在西雅圖，我再次重申我的態度……[17]

　　隔年 2 月，胡佛先生像往常一樣，在一封給總統當選人的著名信函中，說明他的看法：

　　穩定國家經濟狀況的條件是，能夠迅速保證不會發生傷害幣值或者通貨膨脹的情況；如果必須加稅，預算也必須毫無疑問得到平衡；政府藉由拒絕浮濫發行新的證券，以維持信用。[18]

　　拒絕使用財政手段（稅賦和支出）以及貨幣政策，幾

---

17 Lawrence Sullivan, *Prelude to Panic* (Washington: Statesman Press, 1936), p. 20.

18 William Starr Myers and Walter H. Newton, *The Hoover Administration: A Documented Narrative* (New York: Scribners, 1936), pp. 339-40.

乎完全等於拒絕執行所有積極的政府經濟政策。當時的經濟顧問觀點一致而且又有權威，迫使兩黨的領袖拒絕採取所有可能的步驟，制止通貨緊縮和經濟蕭條的可能。它本身就是一個顯著的成就——教條戰勝了思想。這種影響極為深遠。

6

根據上述經濟的缺陷，就可以理解股市大崩盤在三〇年代發生的大悲劇中所扮演的角色。在華爾街自我貶損的年代，股市反而具有值得尊敬的重要性。股票價值的崩跌首先影響的是富人與小康之家。但是我們明白在1929年的美國，這是一個很重要的社會階級。這個階級的成員掌握大部分消費者的收入；他們也是私人儲蓄和投資的最主要來源。任何會影響這個階級的支出或投資的任何事，必然會對整體經濟的支出和收入，產生廣泛的影響；而受到股市大崩盤最嚴重打擊的就是這個階級。此外，大崩盤很快造成民眾縮手，不再花費從股市賺到的錢來支持經濟。

大崩盤也是攻擊企業結構缺陷格外有效的方法。它會強迫位於控股公司鍊最終端的營運公司節省開支。這些體制以及投資信託後續的崩跌，有效地摧毀了企業借款的能力以及貸款投資的意願。事實上，長期以來被視為純粹是信心的降低而已，很快轉變為訂單的減少和逐漸增加的失

業。

　　大崩盤也有效地結束了外國的貸款業務，因為國際間的收支已經達到平衡。現在國際收支主要是依靠減少出口來達到平衡。這種情況對於小麥、棉花和煙草的出口市場迅速形成沉重的壓力。也許對外貸款只是延遲國際收支餘額的調整，但是終有一天要處理。大崩盤只是在最不利的時刻，突然加速調整國際的收支。農民本能地把他們的困境歸咎於股市，此舉並非完全被誤導。

　　最後，當災難來臨的時候，一般人的態度是，不會採取任何措施加以阻止。也許，這是最令人不安的特點。在1930年、1931年和1932年，有一些人必須忍受饑餓，其他的人則因為恐懼將來也得忍受饑餓，而身心受創。然而還有些人因為收入減少而陷入貧窮，他們因為從光榮和受人尊敬的生活跌落谷底，遭受了極大的痛苦。仍有一些人畏懼自己也會步入後塵。同時，每個美國人都得忍受極度失望的感覺，人們似乎顯得無能為力。對於支配政策的想法，人們也顯得無可奈何。

　　如果1929年美國經濟的基本面很健全的話，大崩盤的影響可能就很輕微。或者，被股市套牢的民眾，其信心受到打擊和削減開支的情況也會很快過去。但是1929年的美國經濟並不健全；相反地，它極其脆弱，很容易因為華爾街的風吹草動而受到打擊。那些強調美國經濟有此

弱點的學者，很明顯地言之有據。然而當溫室遭到冰雹風暴的蹂躪後，人們通常不會認為暴風雨只是純粹被動地造成災害。我們也會認為，在1929年10月襲擊下曼哈頓區（lower Manhattan）的經濟風暴有著類似的含意。

7

軍事歷史學家在完成他的著作後，就已免除責任。他不需要考慮重新與印第安人、墨西哥人或者南北戰爭時南方聯盟戰爭的可能性。不會有任何人施壓，要他說出如何避免這樣慘烈的戰爭。但是人們對於經濟學的要求就比較嚴格。經濟歷史學家會不斷地被問到，他們所描述的災難會不會再次蹂躪我們，以及如何預防。

如同前面所描述，本書的目的是要告訴我們，1929年到底發生了什麼事。而不是告訴我們是否或者何時1929年的災難將會再發生。該年的重要教訓之一現在看來是再清楚不過：非常特殊和個人的不幸將會再次發生在那些逕自相信未來屬於他們的人。然而，我們不需要冒一些非必要的風險，也可以從對當時的認識獲得對未來一些深刻的理解。

尤其是，我們能夠區分出可能再次發生的災難，以及在1929年後發生的許多不太可能再次發生的災難。我們也許能夠了解有關殘留危險的形式和嚴重的程度。

乍看之下，在二〇年代晚期發生的災難中，最不可能再次發生的，大概就是另一次股市的瘋狂上漲和隨後不可避免的崩跌。成千上萬名美國人覺醒的日子來到時，每個人不禁都搖著頭並且喃喃自語：「絕對不要再發生了。」甚至到現在，每個重要的社群中仍有一些當年的倖存者，雖然年紀較大但是很有歷練，他們可是仍在喃喃自語並且搖頭說不。新時代就沒有這種健康的悲觀論者。

同時，現在的政府有新的措施和調控方法。聯邦準備理事會（Federal Reserve Board）──現為「聯邦準備制度」（Federal Reserve System）的理事會──已經加強與個別聯準銀行和會員銀行之間的關係。發生在1929年3月的米契爾違規事件，現在看來實屬不可想像的一件事。那時被認為是傲慢但並非異常的個人主義的行為，現在看來是愚蠢的。紐約聯準銀行保留道德的權威和自主權的裁決，但是並不足以抗拒任何華盛頓的政策；現在他們仍掌握制訂保證金比例的權力。如果必要的話，投機買賣者可能需要全額支付他所購買股票的金額。如果這樣還不能完全制止投機買賣的行為，則當市場價格下跌的時候，投機者因為無法支付激增的追加保證金，只好被迫進一步賣出，如此反覆的下跌、追加保證金、賣出，才能確保最終能夠完成平倉。最後，「證券交易委員會」（Securities and Exchange Commission）可望有效制止大規模的市場操控，

並且能夠控制新的投機買賣者的詭計和推銷手法。

　　然而，從某些方面來看，仍然有可能重新出現投機熱潮。沒有人會懷疑，美國人仍然很容易受到投機心理的影響，堅信企業能夠享有無限的報酬，身為個人理應可以參與分享。上漲的市場仍可帶來確實的財富，於是就能吸引越來越多的人參與。政府的預防措施和控制手段都要準備就緒。如果行事果決的政府掌握這些措施和手段，就不用懷疑它們的效能。然而，政府仍然有各種理由決定不使用這些措施和手段。在我們的民主制度中，在選舉之後可能另一次選舉為期不遠。如何避免經濟蕭條和預防失業已經成為政客所有公共政策的重要議題。在政治上不適當的時刻，若要防止經濟過熱的現象所採取的行動，都必須考慮造成失業率上升的情形。所以必須注意到，只有經濟出現過熱的情勢才能採取制止的措施。而採取阻止的行動時，有點像當年1929年2月受到驚嚇的「聯邦準備理事會」人員，要決定立即執行死刑還是處以終身監禁。我們知道立即處死的缺點不僅是即刻執行的問題，而且還有尋找執行死刑劊子手的麻煩。

　　如果沒有一些合理性，股票市場就不會發生投機熱潮。但是在將來任何經濟繁榮時期，都將引用一些自由企業制度新發現的優點。這些新的優點指出，人們會心甘情願支付目前的市場價格，甚至幾乎是任何價格，從股票市

場購得一些股票。在首先接受這些合理性的人物中，肯定會有一些是負責動用控制手段的人。他們會堅決地說不需要採取控制手段。有些報紙會同意這種說法，並且嚴厲指責那些認為應該採取行動規範市場的人，稱他們為信心不足的人。[19]

8

　　如果在將來又出現新的股市投機熱潮和隨後而來的股市崩盤，也將不會對經濟產生像1929年那樣的影響。不幸地，不論當時的經濟是否顯示基本上健全或不健全，必須等到事情過後才能完全明白。然而，毫無疑問地，在1929年或其後不久暴露出許多經濟上的嚴重問題，實質上都已經獲得大幅改善。所得分配不再像以往那樣不平均。從1929年到1948年之間，5%最高收入的人口占總個人所得從將近三分之一下降到低於五分之一。從1929年到1950年之間，工資、薪資、退休金和失業補助金占所有家庭收入的百分比，從大約61%增加到71%。這就是每個普通人的收入所得情形。雖然小康家庭從股利、利息和房屋租金等收入的總金額增加，但是占總家庭個人所得的比率從些

---

19 在1969年的投機熱潮中，我曾試著以委婉的方式使用該詞彙，以提出警告。

微超過22%降到只超過12%。[20]在後續的幾年中，所得分配的改善速度逐漸減緩，而且有些微反轉的趨勢，但還是比二〇年代好很多。

同樣在1929年之後，許多大規模的投資信託計畫都停止而束之高閣，雖然最後他們部分被共同基金、海外資金、股票型基金和房地產投資信託取代，但是也成為1970年代後期股市崩盤的原因。然而，證管會（SEC）在破產法的支持下，解散了公用事業控股公司的龐大金字塔結構。甚至到今天，聯邦銀行存款保險公司對於在全國的銀行結構進行的改革，都沒有動用過任何的信貸支援。有了這部法律，曾經很有效傳播銀行弱點的恐懼心理得到抒解。結果，造成接連不斷破產案件舊制度的嚴重缺點，現在得到了彌補。單獨一部法律很少能夠有這麼大的成效。

跟25年前相比，美國對外貿易差額的問題改變許多。現在，美國購買或花費的傾向，遠超過它的銷售與收入。

最後，在經濟方面的知識已經得到適當的累積。現在對於發展中的經濟蕭條，將不會因為頑固的想法而任其惡化。毫無疑問地，白宮仍會召開注重形式的會議。我們還是會看到大量重複的保證和誓言，許多人將會呼籲，把等

---

20 These data are from Goldsmith, *et al.*, "Size of Distribution of Income," pp. 16, 18.

待和希望當成最好的政策。然而，人們將不會再認同財政
部長梅隆（Mellon）所說的「清算股票，清償勞工，清算
房地產，清償農民」是最好的政策。[21] 我們堅定且適當地處
理嚴重經濟蕭條的決心仍有待考驗。但是，沒有能力執行
足夠的正確措施，與決心做許多錯誤的決定，這之間還是
有很大的區別。

經濟上的其他弱點已經得到修正。備受批評的農業計
畫對於農民的收益和開銷提供安全的保障。失業補助金也
有相同的效果，但是對於勞工來說並不足夠。其他的社會
福利制度包括退休金和公共救助，有助於保護其他民眾的
所得，從而保證其他民眾的支出。相較於1929年，課稅制
度現在已大為穩定。憤怒的上帝可能賦予資本主義一些根
深蒂固的矛盾，但是至少在經過深思熟慮之後，祂相當仁
慈地讓社會改革與社會體制的改善趨於一致。

9

儘管經濟獲得多方面的改進，然而讓經濟暴露在另一
次重大投機性股市崩盤的影響是愚蠢的行為。一些新的改
進措施實行之後，可能在其他新的地方或者非預期的地方
出現差錯。即使來自股市收益的消費性支出快速消失，對

---

21 引用自 Herbert Hoover, *Memoirs*, p. 30.

於經濟還是有所傷害。任何的股市崩盤，即使其後續影響很小，但是對於華爾街的聲譽仍然有不利的影響。

近年來，華爾街已經成為一個專業的語彙，代表一個很「注意公共關係」的地方。既然股市投機熱潮之後，必然會出現投機性的崩跌，因此人們預期華爾街會下重手以防止任何投機熱潮再起。聯準會將會應銀行業者和證券經紀商的要求，把保證金提高到上限；同時對嘗試以自己擁有的股票和債券抵押借款，以便購買更多股票和債券的人，強制實施保證金的規定，並且要明確和經常警告民眾有關買進股票等待上漲的風險。那些堅持一意孤行的人，就得自行負擔風險。證券交易所及其成員、銀行和金融界等等必須態度鮮明，如此在合理的公共關係允許下發生進一步崩跌的情況時，就能獲得良好的保護。

如前所述，以上這些在邏輯上是可以做到的。然而，它並未在六〇年代末和後續的活躍年代裡發生──也就是在績效基金和企業集團大爆發的數年。它也不會在未來發生。這並不是因為華爾街自我保護的本能發展不良。相反地，它可能正常發展，也可能發展超過正常的水準。但是現在和以往一樣，經濟實力和政治洞察力呈現反向的相互關係。如果商業人士長期的救助，意謂干擾目前有秩序的生活和便利，則不會得到高度的重視。因此目前有人主張無所作為，即使未來會發生嚴重的問題也不在乎。在這方

面，幾乎等同於共產主義，會威脅到資本主義的生存。亦
即，讓明明知道事情往錯誤的方向發展的人，卻說目前經
濟狀況基本上是健全的。

國家圖書館出版品預行編目（CIP）資料

1929年大崩盤：暢銷六十餘年，歷史上永恆的投
資／經濟經典／約翰‧高伯瑞（John Kenneth
Galbraith）著；羅若蘋譯. ── 二版. ── 臺北
市：經濟新潮社出版：家庭傳媒城邦分公司發
行, 2019.06
　　面；　公分. ──（經濟趨勢；36）
譯自：The great crash, 1929
ISBN　978-986-97086-9-2（平裝）

1.經濟蕭條　2.證券市場　3.美國

561.952　　　　　　　　　　　　　108007989